pagine di scienza

*i*blu

T0233226

Giuseppe O. Longo

Il gesuita
che disegnò la Cina

La vita e le opere
di Martino Martini

 Springer

GIUSEPPE O. LONGO
Università di Trieste

Collana *i blu* - pagine di scienza ideata e curata da Marina Forlizzi
© Springer-Verlag Italia 2010

ISBN 978-88-470-1532-6   ISBN 978-88-470-1533-3 (eBook)

DOI 10.1007/978-88-470-1533-3

Quest'opera è protetta dalla legge sul diritto d'autore, e la sua riproduzione è ammessa solo ed esclusivamente nei limiti stabiliti dalla stessa. Le fotocopie per uso personale possono essere effettuate nei limiti del 15% di ciascun volume dietro pagamento alla SIAE del compenso previsto dall'art. 68, commi 4 e 5, della legge 22 aprile 1941 n. 633. Le riproduzioni per uso non personale e/o oltre il limite del 15% potranno avvenire solo a seguito di specifica autorizzazione rilasciata da AIDRO, Corso di Porta Romana n. 108, Milano 20122, e-mail segreteria@aidro.org e sito web www.aidro.org.
Tutti i diritti, in particolare quelli relativi alla traduzione, alla ristampa, all'utilizzo di illustrazioni e tabelle, alla citazione orale, alla trasmissione radiofonica o televisiva, alla registrazione su microfilm o in database, o alla riproduzione in qualsiasi altra forma (stampata o elettronica) rimangono riservati anche nel caso di utilizzo parziale. La violazione delle norme comporta le sanzioni previste dalla legge.

Coordinamento editoriale: Barbara Amorese
Progetto grafico e impaginazione: Valentina Greco, Milano
Progetto grafico originale della copertina: Simona Colombo, Milano
In copertina: Ritratto di Martino Martini, opera conservata presso il Museo Provinciale d'Arte, Castello del Buonconsiglio, Trento
Stampa: Grafiche Porpora, Segrate, Milano

Springer-Verlag Italia S.r.l., via Decembrio 28, I-20137 Milano
Springer-Verlag fa parte di Springer Science+Business Media (www.springer.com)

A mia moglie Tiziana

Prefazione

Nell'aprile del 2007 mi trovavo a Trento in compagnia dell'amico Riccardo Scartezzini. Come sempre avevamo parlato di vita e di politica, di viaggi e di progetti. Al momento di ritirarci, a notte inoltrata, Riccardo mi disse che il Centro Martino Martini, da lui diretto, aveva deciso di affidare a uno scrittore o a un giornalista la stesura di una biografia di Martini. Gli avevo già sentito fare questo nome, in altre occasioni, ma non avevo mai approfondito la cosa. Sapevo solo che si trattava di un gesuita trentino del Seicento, missionario in Cina, che aveva disegnato il primo atlante di quel lontano Paese, facendolo così conoscere all'Occidente. Non pensavo neppure alla lontana che quella biografia l'avrei scritta io. Anzi, mi misi a riflettere chi, tra i miei conoscenti, potesse essere adatto a svolgere un compito che, d'acchito, si presentava non facile.

Bisognava avere immaginazione, penna facile, interesse per Trento, passione per le cose di Cina e cultura storica: qualità e doti che possedevo in maniera decrescente. I miei lontani studi liceali mi avevano lasciato del Seicento un'immagine affastellata e poco attraente: la mia predilezione andava tutta al Medioevo, a quelli che si chiamavano allora i secoli bui: forse perché erano il seme cieco e il contratto preludio di tutto ciò che sarebbe venuto poi; o forse perché mi davano il senso di una lontananza - non solo temporale - incolmabile, abissale, che mi riempiva di fascino e di sbigottimento; o forse perché nella loro apparente immobilità e semplicità, che s'incarnava nella planetaria contrapposizione papa-imperatore, rispondevano all'ideale parmenideo dell'essere e della stabilità, concetto che conquista molti giovani prima che la loro mente (e anche il loro sentimento) si apra al fascino del divenire eracliteo.

Fatto sta, insomma, che il Seicento, col suo brulicare di eserciti e mendicanti, con le sue contraddizioni, con il suo dolciastro sapore di putredine e di esaltazione, con lo sfarzo e la miseria, con le guerre, le carestie e le pestilenze, con i sanguigni bagliori dell'inquisizione, poco mi aveva attratto al liceo e se non fosse stato per l'affresco grandioso dei *Promessi Sposi*, forse sarebbe affatto scomparso dal mio orizzonte. Eppure, dal crogiolo avvampato di quel secolo doveva nascere quel frutto straordinario che è la scienza moderna: anch'essa tra contrasti, lotte, abiure e passioni. Ma era come se la scienza del Seicento fosse una cosa a parte, un angolo riposto e alieno rispetto al tumultuoso e variegato mondo di soldataglie, missionari, mercanti, straccioni e appestati che si movevano in un'Europa devastata, salpavano dai suoi porti in cerca di ricchezze da depredare o di popoli da sottomettere e davano intanto origine alle strutture sociali, economiche e finanziare della modernità. Il tutto all'ombra della Chiesa di Roma che, nonostante i colpi ricevuti dai movimenti protestanti, sembrava davvero incarnare la potenza celeste su questa terra.

Il Seicento dunque mi era estraneo: perciò il giorno dopo, quando Riccardo, a colazione, riprese l'argomento Martino Martini e di punto in bianco mi chiese "Ma perché non la scrivi tu, questa biografia?" la mia prima risposta fu un garbato diniego, e mi preparavo a motivarlo con le ragioni più convincenti. Invece m'incuriosii e cominciai a fare domande su questo personaggio. E quelle domande, lo sentivo, erano un principio di resa, erano l'inizio dell'accettazione: fino a mezz'ora prima non ci pensavo nemmeno, dopo mezz'ora ero persuaso: la biografia di Martino Martini l'avrei scritta io.

***

Non è necessario dilungarsi sull'importanza che ha la Cina nel mondo attuale. Le Olimpiadi di Pechino del 2008 hanno sancito il suo ingresso nel novero delle grandi nazioni, e non solo per dimensioni e popolazione. Quando andai per la prima volta in Cina, nel 1986, questo enorme paese dava ancora l'idea di un gigante addormentato, ma nel suo corpo in apparenza inerte l'osservatore attento avrebbe potuto percepire i fremiti e i lontani prodromi di un imminente risveglio. E il risveglio c'è stato. Con tutti i problemi legati alla presenza di un governo autoritario, alla crescente disuguaglianza tra i diversi strati sociali, alle devastazioni dell'inquinamento e alla deplorevole insensibilità nei confronti di molti diritti umani, la Cina si avvia comunque a diventare nel giro di qualche anno la seconda e, chissà, forse la prima potenza mondiale.

Strano destino, e ciclico: nelle carte del mondo che i cinesi disegnavano nell'antichità, il loro paese si trova in posizione centrale, in base a una presunzione che la storia successiva si è incaricata di ridimensionare. Il centro del mondo, infatti, è stato occupato prima dall'Europa e poi dall'America, ma oggi l'antico Catai si riaffaccia prepotente alla ribalta. Per alcuni anni il volto della Cina si è presentato qui da noi sotto la forma banale e quasi meschina delle scarpe, delle sveglie e degli abiti a poco prezzo e dell'imitazione ingegnosa, economica ma fragile, dei nostri prodotti. La concorrenza, spesso sleale, scatenata su questi piani bassi della manifattura e del commercio ha provocato una crisi dolorosa ma per certi versi salutare del nostro sistema produttivo, che si è destato da una certa inerzia dovuta al successo per rendersi conto di doversi rinnovare alla svelta.

Ma non solo di giocattoli e pomodori in scatola ci inonda la Cina: a poco a poco, richiamando i propri ricercatori sparsi per tutto il mondo e offrendo loro condizioni di lavoro straordinarie per attrezzature e finanziamenti, il governo cinese sta costituendo una compagine tecnoscientifica di prim'ordine, che ora in molti settori di punta, tra cui l'informatica e l'industria aerospaziale, comincia a rivaleggiare con le nazioni occidentali e con il Giappone. E le XXIX Olimpiadi hanno, almeno in parte, consacrato questa posizione, anche se il sole dei giochi è stato oscurato da alcune nubi, soprattutto relative alla libertà di comunicazione, di circolazione e di espressione. Inoltre non possiamo non menzionare i gravi problemi delle relazioni con alcune minoranze interne e con il Tibet.

Non è questo comunque il luogo per tentare un giudizio critico della politica cinese. Mi limito a sottolineare che questo grande paese sta riconquistando nel consenso internazionale una posizione adeguata alla sua tradizione e alla sua storia. Molto cammino resta da compiere, ma rispetto alla situazione di cinquant'anni fa molto cammino è già stato compiuto. È da vedere come se la caverà la Cina di fronte alla gravissima crisi economica

x

e finanziaria che si è scatenata negli ultimi mesi e che non dà ancora segni decisi di tregua. La Cina infatti deve il suo sviluppo in buona parte al commercio estero, che a sua volta dipende dalle risorse economiche degli altri paesi. Se questi paesi sono in crisi, anche la Cina si trova in difficoltà, ed è quanto sta puntualmente accadendo.

Questo libro vuol essere anche un piccolo contributo al rafforzamento delle relazioni tra Italia e Cina, attraverso l'illustrazione della vita e delle opere di un lontano pioniere che ha dedicato tutta la propria vita non solo alla conversione dei cinesi al cattolicesimo, ma anche all'approfondimento della cultura e della storia cinesi e alla loro diffusione nell'Europa del Seicento, gettando le basi della nostra conoscenza e del nostro interesse e aprendo la via al dialogo con la Cina.

In questa prospettiva, il libro si aggiunge alle altre iniziative del Centro di Ricerca Martino Martini di Trento, di cui mi preme soprattutto segnalare le bellissime mostre "Visioni del Celeste Impero", organizzate in Cina, e "Riflessi d'Oriente" a Trento, oltre all'edizione integrale in corso di tutte le opere del padre Martini.

Nota

Per la stesura di questo libro mi sono basato soprattutto sull'imponente Opera Omnia di Martino Martini, che il "Centro Studi Martino Martini per le relazioni culturali Europa-Cina" di Trento sta pubblicando in sei volumi per conto dell'Università degli Studi di Trento e su altri libri e documenti della biblioteca del Centro.

Indice

Il gesuita che disegnò la Cina

Capitolo Primo
Il richiamo dell'Oriente

1.1 Una vocazione precoce

*È già un anno circa che io Martino Martini, sentendomi interna-
mente chiamare da Dio per l'Indie, informai di questa mia vocazione il padre Filippo Nappi, il quale considerando forse il mio
scarso valore, mi rispose che non gli pareva il caso che io, ancora
novizio, mi offrissi a questa missione, e mi consigliò di coltivare
questo mio desiderio offrendomi a Dio.*

*Nonostante la forza del richiamo che sentivo dentro di me, lo
tenevo dunque a freno aspettando la fine del noviziato. Ma il
Signore mi diede l'occasione di palesarmi: venuto in questi giorni
da noi il padre Rettore, ci disse che molti desiderosi di andare in
Oriente erano stati soddisfatti ma che era una vergogna che tra
loro non vi fosse alcun novizio. Sentendo ciò mi feci animo e,
decidendo di non più resistere allo Spirito santo, andai da lui e
tutto gli palesai ed egli mi spinse a scrivere il Memoriale.*

*Ecco allora, Reverendo Padre, che come da sua paternità fui
ammesso al noviziato, così adesso mi offro tutto per l'Indie.*

*E questo mio desiderio non è nato dopo che sono entrato nella
Compagnia, ma la causa principale del mio ingresso è stato proprio il desiderio per l'Indie, come si può vedere nella mia vocazione e finora non ho mai cambiato intento, né, credo, con l'aiuto di
Dio, lo cambierò.*

*È vero che considerando le mie scarse forze mi confondo e arrossi-
sco, ma considero che Colui che ha cominciato in me tale opera
l'ha pur da finire, perché senza il suo aiuto nulla possiamo, e anche
mi consolo pensando che egli prese rozzi pescatori e miseri pubbli-
cani per sottomettere tutto il mondo alla sua Santa Legge.*

*Perciò, Molto reverendo Padre sua Paternità, si degni di accetta-
re questa mia offerta, la quale fo di me stesso per la maggior*

gloria di Dio e aiuto dell'animo, a sua paternità come a Cristo, e si ricordi di me nelle sue orazioni e molto mi raccomando.

Figlio e servo indegno in Cristo
Martino Martini

Chi è dunque questo Martino Martini? A chi scrive, e quando, questa lettera, da cui trapelano fede, umiltà e insieme una ferma determinazione a seguire una chiamata alta e perentoria?

Rispondere a queste domande significa compiere un'appassionante ricognizione in un secolo, il Seicento, pieno di contrasti, di fermenti, di slanci e di atrocità e, insieme, significa percorrere due continenti, l'Europa e l'Asia, e dell'Asia scoprire la parte allora più gelosa e segreta, più impenetrabile e affascinante: la Cina. Significa compiere con la fantasia rischiosi viaggi a bordo di fragili vascelli o di pesanti galeoni in corsa per oceani tempestosi o al contrario immoti per interminabili bonacce, sfidando malattie, miasmi velenosi e assalti di pirati. Significa affrontare snervanti attese in esotiche città equatoriali e tropicali, splendide e miserabili, tra febbri e parassiti, magari prigionieri di potenze coloniali gelose od ostili. Significa infine ripercorrere alcune delle tappe più importanti del lungo e intermittente processo di reciproca scoperta tra Occidente e Oriente, specie tra Europa e Cina, scoperta affidata, tra il Cinquecento e il Seicento, soprattutto all'iniziativa, alla vocazione e talvolta al sacrificio di uomini di chiesa: gesuiti, domenicani, francescani. Animati dal desiderio di portare la fede cattolica in quelle plaghe remote dalle quali il ritorno era assai improbabile, essi intraprendevano un viaggio inconcepibilmente lungo e faticoso, abbandonavano tutto, patria, lingua, amici, e si facevano precursori di altri viaggiatori, che sarebbero venuti poi: esploratori, mercanti, coloni, avventurieri, soldati.

È difficile valutare quanto questi uomini di Dio, che andavano nelle Americhe o nelle Indie Orientali per portarvi la fede di Cristo, fossero consapevoli di rappresentare l'avamposto evangelizzatore, spirituale e culturale di un espansionismo che caratterizzò l'Europa di quei secoli e che assunse a volte forme brutali e spietate di oppressione e di sfruttamento colonialista.

Certo è che personaggi come Matteo Ricci nel Cinquecento e appunto Martino Martini nel Seicento, tanto per nominarne due dei più importanti, furono uomini di fede, uomini di scienza e di lettere, ma anche grandi organizzatori, abili diplomatici e personalità di spicco. Immersi com'erano nella loro fede e nel loro slancio missionario, è probabile che vedessero la storia sotto il profilo importante ma limitato del compito che si erano assunti e che era stato loro confermato. Ma non bisogna dimenticare che facevano parte della Compagnia di Gesù, una potente struttura la cui natura quasi militare era rispecchiata anche nella nomenclatura, nella gerarchia e nella disciplina.

La Compagnia era sorta per riconquistare i luoghi santi occupati dai pagani, dunque per riprendere la tradizione delle Crociate, e poi si era trasformata nell'arma più duttile, potente e sicura della Controriforma: i gesuiti non potevano non avere consapevolezza della natura della loro missione. Dotati di senso pratico e di una buona dose di opportunismo, sapevano attendere, pazientare, aspettare il momento adatto per compiere piccoli o grandi passi sulla strada dell'evangelizzazione e della penetrazione culturale. Oltre al compito di difendere la Chiesa di Roma dall'attacco della Riforma protestante, i gesuiti si videro ben presto affidare quello di portare la parola del Vangelo in terre lontane: fu così che ebbe inizio una delle più grandi missioni religiose, ma anche di confronto e conquista culturale e di assoggettamento territoriale, che l'Europa abbia intrapreso nel corso dei secoli.

È ai gesuiti e ai loro compagni francescani e domenicani che si deve il primo vero incontro tra due civiltà millenarie, quella cinese e quella europea, che ignoravano quasi tutto l'una dell'altra. Matteo Ricci vide la luce a Macerata nel 1552 e morì in Cina nel 1610. Martino Martini nacque a Trento nel 1614 e si spense prematuramente, nel 1661, a Hangzhou, in Cina. Confrontando le date, si è spinti a immaginare un ideale passaggio di consegne tra il gesuita maceratese e il gesuita trentino.

Qualcosa è già emerso, dunque, di questo padre Martini: è molto significativa di lui, del suo carattere e delle sue aspirazioni, la lettera che abbiamo riportato all'inizio (riassumendola un po' e semplificandone la forma per il lettore contemporaneo), lettera che l'11 agosto 1634 il novizio, non ancora ventenne e studente al Collegio Romano, scrisse al padre generale della Compagnia di Gesù, Muzio Vitelleschi, per offrirsi missionario in Oriente. La sua offerta, come vedremo, fu accolta, e nel 1638 Martini, completati gli studi, lasciò Roma per Lisbona, da dove progettava di salpare per la Cina e cominciare laggiù la sua nuova esistenza.

Dalla lettera, in filigrana, si intuiscono molti tratti del carattere del giovane Martini: la sua fede, che si fonde con la volontà di diffonderla; la coscienza della propria pochezza, sì, ma anche delle grandi doti che possiede e che, con l'aiuto di Dio, può mettere in gioco; la determinazione di svolgere la propria opera missionaria in Oriente e non, per esempio, nelle Americhe, dove pure molti suoi compagni si recavano. Un misto, insomma, di modestia e di arditezza. Nel corso della sua vita, non lunga (47 anni), ma intensa quanto poche altre, Martini avrebbe dispiegato queste doti, manifestando sempre più un carattere forte, un'intelligenza viva, uno spirito organizzativo e anche imprenditoriale non comune tra gli uomini di chiesa, un'abilità diplomatica che gli avrebbe consentito di trarre sé e i compagni da situazioni pericolose, un coraggio fisico e una tempra morale non comuni. Col tempo, tuttavia, queste doti tramutarono un po', per eccesso, nei difetti corrispondenti: Martini venne rivelando sempre più un lato autoritario e un opportunismo che gli furono puntualmente rimproverati da alcuni compagni gesuiti e soprattutto dai frati domenicani e francescani, che dei gesuiti erano concorrenti e rivali nelle opere pastorali in Cina. Non stupisce quindi che le varie fonti ne diano ritratti diversi, addirittura contrastanti, improntati all'ammirazione o per converso all'astio. Per i suoi avversari il coraggio era temerità, la consapevolezza di sé era superbia, le doti di diplomazia erano propensione all'intrigo, la dignità era sfoggio, le doti imprenditoriali erano avidità.

Comunque sia, Martini fu uomo poliedrico e pieno di risorse, studioso attento e osservatore acuto, versato nelle scienze e nelle lettere. Nonostante il suo impegno di missionario cui erano affidate le sorti dei compagni gesuiti, dei cinesi convertiti, della missione e dei beni della chiesa di Hangzhou, egli riuscì a portare a termine opere di straordinario valore, tra le quali spicca un Atlante della Cina che rimase per quasi due secoli l'opera di riferimento per la geografia di quel Paese.

La figura e le opere di Martini sono state riscoperte di recente, dopo un lungo periodo di oblio, e questa riscoperta ha arricchito la variegata immagine che abbiamo del Seicento e la storia delle missioni, oltre che naturalmente la nostra visione dei rapporti tra Europa e Cina.

R.P.MARTINUS MARTINI⁶ TRID. GEOGRAPHIÆ & ASTRONOMIÆ
PERITISSIM⁹ A°. M.DCXLI. IN SINAS PENETRAVIT, A REGNI PRIMA-
RIIS OB EXIMIAM PRUDENTIAM ET VIRTUTEM HONORAT⁹ A°
M.DCLI. ROMAM PROCURATOR MISSUS, A PIRATIS ET TEMPE-
STATE VEXAT⁹ OB. IN URBE HANGCHEU, VI JUN. M.DCLXI ÆT.XLVII.

*Ritratto di Martino Martini, opera conservata presso il Museo Provinciale d'Arte,
Castello del Buonconsiglio, Trento*

1.2 Perché la Cina?

Nell'antichità l'impero cinese e l'impero romano ignoravano quasi tutto l'uno dell'altro: sapevano della reciproca esistenza, ma le notizie che circolavano erano avvolte nelle brume di vaghe e improbabili leggende. La Cina era troppo lontana e neppure Alessandro Magno era riuscito a spingersi fin laggiù. La situazione non cambiò molto durante il Medioevo. Nonostante un lungo periodo di tranquillità (la cosiddetta *Pax Mongolica*) avesse consentito a molti mercanti e missionari francescani di visitare la Cina, il loro contributo alla conoscenza di quel paese era stato minimo. I mercanti, interessati più che altro al commercio e al profitto, scarsamente istruiti, riportavano solo impressioni generiche e superficiali (come del resto fece Marco Polo). Le origini e le cause della ricchezza e della potenza di quell'immenso territorio e la sua incommensurabile diversità, restavano oscure e non furono approfondite neppure dai francescani, che si dedicavano anima e corpo all'assistenza e all'incremento delle piccole comunità cristiane, senza troppo sforzarsi di superare le barriere culturali e religiose. La civiltà millenaria della Cina esigeva un accostamento cauto e sensibile, che si manifestò solo molto più tardi, appunto con le missioni dei gesuiti.

Sono comunque molte le tracce di una penetrazione cristiana in Cina a partire almeno dal VII secolo. Nel 1625 alcuni operai, scavando nella città di Xi'an scoprirono una stele, poi chiamata *Monumento Nestoriano* perché conforme all'eresia di Nestorio, secondo la quale in Cristo è presente una doppia persona, umana e divina. Datata 4 febbraio 781, la stele porta una croce e la scritta, in cinese e in siriaco: *Lapide della propagazione in Cina della religione luminosa venuta dal Gran Qin* (la Persia). Il resto della stele è occupato da una storia del cristianesimo in Cina dal 635 al 781, da una trattazione dottrinaria e da un elenco di 90 nomi di missionari di cui si dice che

celebrano una volta la settimana, professano la povertà, recitano l'ufficio divino, portano barba e tonsura.

Le chiese sono chiamate *Templi Persiani*. La scoperta che già nel VII secolo il cristianesimo era giunto in Cina dalla Siria e dalla Persia destò grande scalpore in Europa. Di questa stele ebbe notizia, nel 1627, Athanasius Kircher, uno dei maestri di Martini al Collegio Romano, che tradusse e divulgò l'iscrizione, inserendola in una delle sue tante opere di erudizione, *China Illustrata*.

In effetti oggi la penetrazione del cristianesimo in Asia in quei primi secoli è ben documentata. Ma dopo la morte di Maometto, nel 632, in Asia si diffuse l'islamismo, raggiungendo anche la Cina. L'invio di missionari nestoriani divenne sempre più difficile, finché l'imperatore avviò una terribile persecuzione: i monaci furono uccisi, i monasteri soppressi e perfino il buddismo fu proibito. Marco Polo e i francescani del XIII secolo trovarono i residui stremati delle comunità nestoriane cinesi, che di lì a poco, al tempo di Tamerlano (1358), scomparvero del tutto.

Seguì l'epoca dei francescani, tra i quali il più illustre fu Odorico da Pordenone (1265-1331), che si recò in Cina e in India e la cui *Relazione* destò in Occidente un enorme interesse, pari a quello del *Milione* di Marco Polo. I Mongoli, che avevano regnato fin lì, furono spodestati dagli imperatori della dinastia Ming, la quale resse la Cina dal 1368 fino all'arrivo del padre Martino Martini, che sarà testimone diretto del suo tramonto, nel 1644. I Ming adottarono una politica nazionalista di assoluta chiusura verso gli stranieri, anche se pian piano l'astuzia e le perseveranza dei mercanti aprirono qualche varco nella cortina cinese, tanto che nel 1557 i portoghesi fondarono Macao, alle porte del Celeste Impero. Ma per i religiosi la Cina restò impenetrabile: un tentativo fu compiuto dal gesuita spagnolo Francesco Saverio (1506-1552), il cui piano era quello di evangelizzare la Cina per poi convertire il Giappone. Saverio non riuscì a entrare in Cina, ma la sua eredità fu raccolta da un altro gesuita, Alessandro Valignano (1539-1606), "padre visitatore", cioè vicario generale delle missioni in Oriente. Valignano, originario di Chieti, arrivò a Macao nel 1578, ma la Cina restò inaccessibile a lui e ai francescani che nel frattempo si erano sforzati di entrare nell'Impero.

Dopo la fondazione di Macao, fu il Portogallo a detenere, per così dire, il monopolio dei tentativi di penetrazione in Cina, ma anche la Spagna cercava di far breccia e di assicurarsi l'in-

Il gesuita che disegnò la Cina

IMPERIUM
SINICUM
Quindecupartitum.

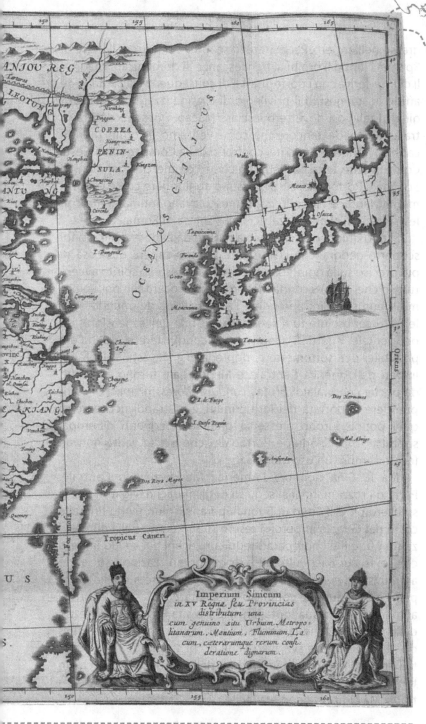

Athanasius Kircher, China illustrata. Mappa della Cina, Amsterdam, 1667

gresso nell'Impero. Per evitare lo scontro col Portogallo, il re di Spagna Filippo II proibì ai francescani e ai domenicani spagnoli di interferire con i portoghesi e di conseguenza la Santa Sede affidò ai soli gesuiti il privilegio di evangelizzare la Cina. Tutti gli altri religiosi dovettero lasciare Macao. Questa sconfitta fu tra le ragioni del rancore che, come vedremo, gli ordini mendicanti covarono a lungo nei confronti della Compagnia di Gesù. Come si vede, le ragioni strategiche e commerciali dei regni di Spagna e Portogallo, cui si possono aggiungere come comprimari l'Olanda e l'Inghilterra, si mescolavano intimamente con le aspirazioni evangelizzatrici della Chiesa di Roma.

Si può quindi dire che solo a partire dall'epoca delle grandi scoperte geografiche l'Occidente riuscì a sapere qualcosa di più preciso sulla grande e antica civiltà cinese. Lo spirito avventuroso che, dalla seconda metà del Quattrocento in poi, spinse molti europei a intraprendere l'esplorazione del mondo oltre le terre conosciute fu il segno più visibile dell'espansionismo occidentale: infatti si scopriva per conquistare e, quand'era possibile, per sottomettere, depredare e devastare. I grandi imperi dell'America Centrale e Meridionale furono abbattuti da poche centinaia di brutali *conquistadores*, incapaci di comprendere la portata dei loro crimini, e le grandi ricchezze di quei popoli furono messe ai piedi dei regnanti d'Europa, soprattutto di Spagna e Portogallo, che per la verità non ne fecero sempre un uso molto saggio.

Ma la Cina non era l'America Meridionale o Centrale. Perfino i rozzi marinai al seguito degli audaci navigatori che si spinsero oltre il Capo di Buona Speranza, giungendo fino alle coste del Celeste Impero, si resero subito conto della differenza tra i fragili e impreparati regni americani e il solido impero cinese, le cui basi culturali e la cui organizzazione sociale e amministrativa non avevano nulla da invidiare a quelle europee. La Cina dunque cominciò a esercitare un fascino enorme, alimentato dalla sua lontananza, dalla sua vastità e ricchezza, dalle leggende che la circondavano e, via via, dalle sorprendenti scoperte che svelavano agli occhi stupiti degli occidentali un altro mondo, nel vero senso della parola. Ecco perché in tanti si volgevano a quel paese e in tanti cercavano di penetrarvi. Ma l'impresa non era facile.

1.3 Gli aspetti culturali dell'evangelizzazione

Il primo vero contatto tra Oriente e Occidente, come ho detto, fu stabilito dai gesuiti a partire dalla seconda metà del Cinquecento: tra i primi Matteo Ricci, che nel 1582 sbarca a Macao e di lì passa nelle province meridionali della Cina. Con un'intuizione saggia e lungimirante, Ricci si accosta alla cultura cinese con rispetto e prudenza, prendendo contatto in primo luogo con i letterati e conquistandosi l'amicizia di personaggi influenti a corte. Gli intellettuali cinesi riconosceranno le sue doti e gli conferiranno il titolo di *Saggio dell'Occidente*. Un'altra idea di Ricci fu quella di portare con sé doni per l'imperatore e di farglielo sapere prima di arrivare nella capitale. Ottenne così grandi agevolazioni durante il suo lungo viaggio verso Pechino, dove giunse il 24 gennaio 1601. Poiché nessuno poteva vedere l'imperatore, tranne le sue mogli e gli eunuchi, furono questi ultimi a porgere i doni al sovrano. Si trattava di due quadri, un breviario dorato, una croce tempestata di pietre preziose, un atlante, un orologio grande a pesi e uno piccolo a molla, due prismi per la rifrazione della luce, un clavicembalo, un vangelo e altri oggetti curiosi o preziosi. Impressionato da questi regali, l'imperatore concesse ai gesuiti di soggiornare a Pechino.

Il contatto con i cinesi radicò in padre Ricci la convinzione che fossero i gesuiti a doversi accostare alla mentalità cinese e non viceversa: si vestì alla cinese, imparò la lingua, adottò un nome cinese e in complesso si presentò come discepolo e studioso della loro civiltà. Non impose loro lo studio della Bibbia e del Vangelo, preferendo insegnare astronomia e matematica e dedicarsi alla cura degli infermi, conquistandosi così la stima e l'affetto dei mandarini e la venerazione della popolazione. Come conseguenza quasi naturale, cominciarono le conversioni tra i letterati e nella stessa famiglia imperiale. Questa fervida e inesausta attività stremò Matteo Ricci, che si spense nel 1610 a soli 57 anni. Quattro anni prima era morto il padre visitatore Alessandro Valignano, proprio sul punto di entrare in Cina.

Bisogna però dire che il metodo di Ricci, basato su una certa tolleranza delle pratiche rituali verso gli antenati e Confucio, anche se attento a evitare ogni compromesso in fatto di articoli della fede cristiana, non era condiviso da tutti i gesuiti, alcuni dei quali preferivano una predicazione diretta del Vangelo, ma ciò non impediva una generale concordia e la massima libertà nella scelta del metodo pastorale. La situazione mutò radicalmente quando, vent'anni dopo, altri ordini religiosi, come i francescani e i domenicani, ottennero il permesso di predicare in Cina: si aprì allora la "questione dei riti cinesi", di cui diremo in seguito.

È importante sottolineare la decisione di Ricci di insegnare matematica e astronomia ai cinesi per aprire senza forzature la strada alla loro conversione. La scienza europea era a quel tempo in una fase di grande sviluppo, soprattutto per effetto degli studi

Matteo Ricci S.J. (1552-1610), olio su tela, cm. 78x 103,5, autore Manuel Pereira S.J. Il ritratto è conservato alla Residenza del Gesù, Roma

di Galileo (1564-1642) e dei suoi discepoli, tra i quali si distinguevano anche molti gesuiti. In Cina le conoscenze matematiche e fisiche non avevano subito un'evoluzione paragonabile, quindi i dotti cinesi erano avidi di apprendere le nozioni che i gesuiti potevano insegnar loro. E non si trattava solo di conoscenze teoriche, ma anche di utilissime applicazioni, il che accresceva l'interesse dei cinesi.

Non bisogna però ritenere che la Cina fosse del tutto digiuna di scienza, pura e applicata, tutt'altro. Proprio dall'opera di Martino Martini *Sinicae Historiae Decas Prima*, pubblicata a Monaco nel 1658, si ricava un panorama vastissimo della civiltà cinese attraverso i secoli e delle sue conquiste scientifiche e tecniche. Benché la visione cinese del mondo fosse in netto contrasto con quella occidentale, spesso improntata all'utilitarismo e alle applicazioni, anche in Cina si erano compiute importanti scoperte, specie in matematica e in meccanica. Per esempio la sospensione cardanica, cioè il dispositivo di trasmissione del movimento rotatorio da un asse a un altro non in linea col primo, che in Italia fu inventata nel Cinquecento dal pavese Gerolamo Cardano, in Cina era stata costruita mille anni prima. I cinesi furono anche gli inventori del meccanismo di biella e manovella, che trasforma il moto rettilineo alternato in moto circolare. Costruirono anche il pistone e l'eccentrico e, soprattutto, inventarono la stampa cinquecento anni prima di Gutenberg. Precoce fu anche l'invenzione della polvere da sparo, che risale al IX secolo. Innumerevoli furono poi in Cina le scoperte e le invenzioni legate allo sfruttamento delle forze della natura, dell'acqua, del mare e dei venti. Ma l'elenco sarebbe troppo lungo: se ne può trarre la conclusione che, nonostante l'isolamento reciproco, alcune delle strade percorse nei due mondi, Europa e Cina, furono simili, per una sorta di "convergenza necessaria".

In altre parole agli stessi problemi si trovarono soluzioni analoghe, anche se a distanza di anni o di secoli, forse perché quelle soluzioni erano le più ovvie, economiche o naturali. Ma ciò non accadde sempre, come insegna la storia. Non accadde neppure nel caso della matematica, che pure sembra avere un carattere in buona sostanza "assoluto", cioè indipendente dal contesto in cui viene sviluppata. Anche nel caso della matematica, infatti, le contingenze storiche hanno avuto una parte rilevante. L'esempio forse più semplice e noto riguarda i sistemi di rappresentazione dei numeri. La numerazione romana e la numerazione indiana, ideate in contesti culturali diversi e separati tra loro, sono essenzialmente diverse, additiva la prima e posizionale la seconda. I vantaggi offerti dalla notazione posizionale indiana, che ha come elemento fondamentale lo zero, fecero sì che quando, attraverso gli arabi, essa giunse in Occidente, soppiantò del tutto quella romana. Senza l'uso della notazione posizionale, gli sviluppi della matematica europea sarebbero stati molto più lenti e faticosi e, se non fosse stato per gli indiani, chissà quando l'Europa avrebbe conosciuto lo zero e il sistema di numerazione posizionale, anche se è plausibile ritenere che prima o poi anche noi avremmo scoperto questa notazione.

Quanto alla tecnica, in particolare la meccanica, nonostante la presenza di molte invenzioni simili o identiche, a un certo punto le due civiltà, europea e cinese, imboccarono strade diverse, soprattutto perché in Europa nacque quella che si chiama scienza moderna, che poi col tempo avrebbe conquistato tutti i paesi, compresa, in tempi recentissimi, la stessa Cina.

Insomma dal Cinquecento in poi l'Europa prese il sopravvento in materia di scienza pura e applicata e questo primato diede ai missionari gesuiti l'opportunità di mostrare ai cinesi le meraviglie della scienza e della tecnica europee. In effetti, i gesuiti erano a quel tempo in Europa *la crème de la crème* in fatto di cultura: non solo dotati di una fede incrollabile, non solo disposti a obbedire al papa e ai loro superiori senza proferir verbo, ma anche preparati in modo profondo e rigoroso nelle discipline umanistiche e nelle scienze, essi rappresentavano davvero quanto di meglio possedesse l'Europa per diffondere la propria civiltà e per fare opera di conquista, non solo spirituale. Esperti di matematica, geometria, astronomia, balistica, offrivano ai discepoli le loro conoscenze enciclopediche e la loro perizia, dimostrandone l'efficacia in tutti i campi applicativi, compreso quello militare. Grazie a ciò acquistarono ben presto un grande ascendente, di cui si servirono in ogni occasione per la loro infaticabile opera di proselitismo.

Per quanto riguarda in particolare la Cina, è opportuno sottolineare il metodo con cui i gesuiti portavano in quel lontano paese la religione cristiana, un metodo civilissimo e coraggioso, che consisteva nel praticare una decisa apertura verso tradizioni ed esperienze culturali lontane dalla mentalità europea e cristiana e difficili da comprendere per gli occidentali. Un allargamento di orizzonti e una tolleranza che altri, come i domenicani e i francescani, più legati al rigore dell'ortodossia cattolica, consideravano pericolosi e addirittura suscettibili di minare il patrimonio di verità su cui si reggevano la dottrina cristiana e la civiltà occidentale, baluardi contro il paganesimo e la barbarie.

Dopo una lunga controversia, con un decreto del 1656, il papa Alessandro VII sanciva la liceità del metodo di "inculturazione" praticato dai gesuiti, che consisteva nell'accettare le tradizioni locali quando non fossero manifestamente contrarie al cristianesimo e nell'impiantare la nuova fede su quelle tradizioni, operando un innesto sapiente e fecondo. Alla promulgazione di questo decreto, che rovesciava una posizione assunta solo undici anni prima dal papa Innocenzo X e contraria al metodo dei gesuiti, diede un contributo fondamentale Martino Martini, che nel 1653, dopo un primo soggiorno in Cina, tornò in Europa e si recò a Roma per difendere le posizioni dei gesuiti nella questione dei riti cinesi.

Non contrapposizione, ma dialogo, dunque, predicavano i gesuiti tra le due civiltà, occidentale e cinese, e di questo atteggiamento tollerante e insieme proficuo si fece eloquente rappresentante il gesuita trentino.

Nonostante la brevità della sua vita, 47 anni, molti dei quali trascorsi in lunghi e pericolosi viaggi per mare, Martini ci ha lasciato una mole di scritti straordinaria per quantità e qualità. Ecco un elenco delle sue opere più importanti:
- Il primo Atlante della Cina.
- La prima storia della Cina antica, di quasi quattrocento pagine.
- La prima cronaca delle vicende a lui contemporanee dell'impero cinese.
- La prima grammatica del cinese mandarino.
- La prima relazione particolareggiata della diffusione del cristianesimo in quel paese.

Molte di queste opere, che Martini aveva abbozzato in Cina e poi redatto durante il lunghissimo viaggio (ben due anni e mezzo) verso l'Occidente, furono pubblicate in occasione del suo soggiorno in Europa tra il 1653 e il 1657, prima del suo ritorno definitivo in Oriente. Questi scritti, si può ben dire, rivelarono all'Europa il volto della Cina.

Martino Martini, Antiporta della prima edizione del Novus Atlas Sinensis (1655)

1.4 Confucio e il confucianesimo

Fu dunque grazie ai gesuiti, in particolare a Martino Martini, che la Cina cominciò a rivelare i suoi misteri e le ragioni della sua potenza e della sua ricchezza. E, tra le altre cose, cominciò a palesare i meccanismi della sua organizzazione e della sua struttura amministrativa. Tutto era basato sulla dottrina confuciana. È importante precisare che il confucianesimo non è una religione nel senso tradizionale del termine. Piuttosto si tratta di un'etica, di una filosofia pratica, che regola i comportamenti e i rapporti tra le persone. Questa differenza fu essenziale nella questione dei riti cinesi, di cui fu protagonista Martino Martini. Infatti il carattere etico e civile e non confessionale del confucianesimo consentiva ai gesuiti di tollerarne la presenza e le pratiche accanto ai riti e agli articoli della fede cristiana, cosa che sarebbe stata impossibile se si fosse trattato di una religione.

All'opposto, i frati francescani e domenicani consideravano il confucianesimo un vero e proprio culto e di conseguenza non volevano accettarne l'osservanza, che poteva insidiare l'unicità del cristianesimo. I riti cinesi, tollerati dai gesuiti, costituivano per gli ordini mendicanti una mala pianta da estirpare quanto prima per far posto all'unica vera religione. Questa intransigenza fu alla base dei contrasti che sfociarono in una lunga controversia, cui, nei decenni successivi, parteciparono, su fronti opposti, grandi personalità, come Pascal e Leibniz, e che si protrasse con alterne vicende fino al Novecento.

È opportuno a questo punto dire qualcosa su Confucio. Secondo Martini, che lo definisce il *Platone della Cina*, Confucio fu il fondatore della *Scuola dei Letterati*. Nacque nel 551 a. C. nella regione dello Shantung. Invece che con il nome originale, *Zhongni*, veniva chiamato di solito Maestro, cioè *Fuzi*, e poiché apparteneva alla casata dei *Kong* ecco che il suo nome sonava *Kong Fuzi*. Italianizzato in *Confutio* da padre Ricci e latinizzato in *Confutius* da padre Martini e in *Confucius* da un altro gesuita, padre Intorcetta, acquisì per noi il nome attuale Confucio. A diciannove anni si sposò ed ebbe un figlio, ma in seguito, per motivi non del tutto chiari, ripudiò la moglie e condusse vita da celibe. Annota il Martini: "non saprei dire per quale ragione, forse per rendersi più credibile e dedicarsi con più libertà al suo insegnamento." A 57 anni, dopo essersi impegnato a lungo nello svolgimento di compiti amministrativi per l'imperatore, abbandonò l'incarico e si mise a viaggiare per diffondere la sua dottrina etica e filosofica, consistente in una summa di principi morali capace di attrarre numerosi discepoli e di far presa sulla popolazione a ogni livello.

Nella sua fondamentale opera *Sinicae Historiae Decas Prima*, Martini ci parla a lungo di Confucio, e descrive la sua opera moralizzatrice in questi termini:

Cambiò in breve tempo i costumi del regno. Eliminò moltissimi abusi e cambiò il malcostume di ingannarsi a vicenda fra gli uomini, specie fra i mercanti. Aggiustò pesi e misure fino all'esattezza. Sviluppò l'ossequio verso i genitori; ai mariti insegnò il candore del cuore, la fedeltà in ogni cosa; alle donne indicò virtù esimie in modo che tra loro potesse svilupparsi la semplicità dei costumi, la serenità e la castità della vita. Delle cose trovate per strada nessuno si appropriava, ma erano restituite a chi le aveva perdute. Con queste e altre cose fece sì che il regno sembrasse una famiglia, concorde e dedita a un vicendevole rispetto.

Il principio di base da cui discende tutta la filosofia morale del maestro cinese è così descritto da Martini:

La scienza fondamentale degli uomini illustri consiste in questo, che quando uno raggiunge la perfezione deve trasfonderla negli altri, onde tutti possano conseguire il sommo bene. La perfezione dell'uomo consiste nello sviluppo del lume naturale, in modo che alla luce di questo lume l'uomo non si allontani mai dalle leggi di natura e dai suoi imperativi, insiti nella natura stessa. E poiché non è possibile raggiungere la conoscenza della natura delle cose e dell'uomo senza un aiuto particolare, ecco la necessità della filosofia tramite la quale otteniamo la scienza di ciò che si deve o non si deve fare. Con tale scienza noi aiutiamo l'intelligenza, rafforziamo la volontà a seguire ciò che è conforme alla ragione, rendendo perfette le nostre azioni. Nasceranno così da una mente sana, come da una terra feconda, quelle virtù che perfezioneranno, freneranno e indirizzeranno al bene gli impulsi del corpo e dei sensi. Nell'uomo vi sono tre grandi virtù: la prudenza, la pietà e la fortezza. Con la prudenza si possono apprendere tutti i riti, con la fortezza esprimerli ed esercitarli, con la pietà produrre dai riti la nostra formazione morale e religiosa. Con la pietà non si ama soltanto Dio, i genitori e se stessi, ma anche tutti gli uomini. È la virtù principale del cuore e la regolatrice dell'amore per cui viviamo fra gli uomini come in una famiglia.

Questi principi e questi precetti dovettero risonare fortemente nell'animo di Martini: il rigore morale, la predicazione della nonviolenza, la santità della vita, la sapienza etica condussero il nostro gesuita a ritenere possibile che il *Fuzi*, il Maestro, avesse riconosciuto la presenza di un Essere Supremo. Martini si spinse fino ad avallare, o almeno a non respingere, la conclusione cui era giunto un filosofo cinese convertito al cristianesimo, cioè che Confucio avesse previsto l'incarnazione e la morte di Cristo. Scrive Martini nella *Sinicae Historiae*:

Nell'anno 39 del regno dell'imperatore Kingus, alcuni cacciatori presero un animale chiamato Kilin e l'uccisero, benché fosse l'unico esemplare della sua razza in Cina. Appena Confucio venne a conoscenza del fatto, percotendosi il petto uscì in lamenti, sospirando: "Che ti è successo, Kilin? Che ti è successo? La mia dottrina è alla fine, presto avrà termine, quando tu verrai". E pianse tristemente, rivolto alla parete. [...] Kilin in cinese significa animale mansuetissimo che non farebbe del male a nessuno. E quel filosofo cristiano affermava trattarsi di un agnello. Confucio certamente profetizzava o si riferiva a Cristo, Agnello di Dio, ucciso fuori la Porta, a Occidente, come pecora mansueta condotta al macello. Lascio però giudicare al lettore quanto quel filosofo cristiano volle riferirmi.

Non c'è dubbio che la nota di cauto scetticismo contenuta nell'ultima frase riequilibri il racconto a favore dell'oggettività storica, ma resta il fatto che già aver riferito l'episodio conferma la grande ammirazione di Martini per il Maestro. Confucio morì nel 479 a. C., undici anni prima della nascita di Socrate.

1.5 Il mandarinato

Quanto fosse rilevante la tradizione confuciana si può capire dalla circostanza che ancora ai tempi di Martini gli amministratori cinesi erano reclutati sulla base di una conoscenza perfetta di quella dottrina. Mentre in Europa si giungeva alle più alte cariche politiche e amministrative per investitura del sovrano in ricompensa dei meriti acquisiti in guerra, oppure per lignaggio e discendenza, cioè per eredità feudale, nulla del genere in Cina: lì si procedeva per concorsi consistenti in esami scritti, dunque in base al merito. Ogni due o tre anni venivano banditi gli esami di stato ai quali potevano partecipare tutti, senza distinzione di censo o di nascita. Chi era promosso agli esami diventava letterato, cioè amministratore, e poteva poi partecipare a esami ulteriori, che, una volta superati, consentivano di ricoprire le massime cariche dello stato. I mandarini superiori, ministri, censori, accademici, erano quelli che avevano affrontato e superato gli esami più difficili, che si svolgevano a corte al cospetto dell'imperatore.

La parola *mandarino* fu coniata dagli europei, probabilmente sulla traccia del verbo portoghese *mandar*, cioè comandare. Vi erano due ordini di mandarini: di lettere e di armi. I primi erano suddivisi in otto classi. La prima autorità mandarinale era quella del Colao, tra cui si sceglievano i presidenti dei tribunali, e il Gran Colao era il consigliere dell'imperatore. A sua volta l'imperatore era il padre di tutti, arbitro assoluto dei beni e della vita dei sudditi. A lui dovevano obbedienza tutte le cariche dello stato: prefetti, governatori, generali, commissari di finanza, giudici, esattori delle tasse, sottoprefetti, magistrati. Se per diventare mandarini di lettere bisognava aver superato i severi esami di cultura, i mandarini di armi dovevano, in più, possedere eccellenti qualità fisiche e attitudini militari.

Per i cinesi la cultura era il bene supremo. Per questo i mandarini godevano di un potere immenso: tutti, anche i cittadini più ricchi, i monaci più santi, gli abati più potenti, si dovevano inchinare davanti al mandarino di rango più basso, depositario di una dottrina straordinaria. Come ho detto, al vertice della struttura mandarinale vi era l'imperatore, cui tutti dovevano obbedienza.

Resisi conto di questa particolare struttura sociale, che – fatto piuttosto eccezionale nella storia del mondo – privilegiava il merito e la cultura, i gesuiti decisero di iniziare la conquista dall'alto: la conversione sarebbe dovuta cominciare dai mandarini e dall'imperatore ed estendersi poi verso il basso. Presentandosi ai mandarini come religiosi, i gesuiti non avrebbero certo conseguito il loro scopo: abbiamo detto che, non essendo il confucianesimo una religione, i bonzi, i monaci, gli abati erano considerati di rango inferiore ai colti amministratori che avevano superato i difficilissimi esami di dottrina confuciana. Ai gesuiti conveniva dunque presentarsi come dotti: soltanto così avrebbero goduto di un prestigio tale da indurre i mandarini ad ascoltarli con attenzione. E potevano farlo, essendo dotati di una cultura vasta e raffinata, paragonabile a quella dei mandarini: i gesuiti, sapienti venuti dai lontani paesi dell'Occidente, dai mandarini sarebbero stati considerati colleghi, pari in sapienza e in dottrina, e il dialogo sarebbe stato possibile: e quando si comincia a dialogare si può ottenere molto.

Del resto, come ho detto, presentarsi come dotti non era certo difficile per i gesuiti: il Collegio Romano, dove avveniva la loro preparazione, era uno dei crogioli culturali più importanti del mondo, se non addirittura il più importante. Anche i gesuiti avevano dovuto sostenere esami severissimi e, in più, possedevano conoscenze che i mandarini non possedevano, soprattutto in alcuni settori importanti per la Cina.

1.6 La scienza dei gesuiti al servizio dei cinesi

Essendo un paese densamente popolato, la Cina attribuiva una grande importanza all'agricoltura e, si sa, l'agricoltura dipende dal tempo e dalle stagioni. Era quindi della massima importanza saper compilare un calendario affidabile, in base al quale prevedere i fenomeni atmosferici e gli eventi celesti: ne seguiva la rilevanza dell'astronomia e della matematica, che costituivano le basi per la costruzione del calendario. E in queste materie i gesuiti avevano una preparazione molto superiore ai cinesi. Ebbero quindi buon gioco nel destare l'interesse dei mandarini e nel soddisfare la loro curiosità pubblicando in cinese molte opere tecniche e scientifiche europee.

Queste opere, la cui traduzione prese l'avvio nel tardo Cinquecento e continuò per tutto il Seicento, riguardavano, oltre la matematica, la geometria e l'astronomia, anche discipline più pratiche, come l'idraulica e la geografia e, sul versante umanistico, la storia e la morale dell'Occidente. Si può immaginare l'impegno richiesto ai padri gesuiti per compiere quest'opera di diffusione culturale, propedeutica all'evangelizzazione: per cominciare bisognava apprendere almeno quel tanto di lingua cinese che consentisse un dialogo coi mandarini e una traduzione preliminare delle opere (a perfezionare le traduzioni ci pensavano poi i mandarini stessi, specie quelli che avevano abbracciato il cristianesimo). Per uomini giunti in Cina già adulti, l'apprendimento della lingua era comunque un'impresa ardua. Nonostante ciò, Martini era giunto a un alto livello di padronanza ed era in grado di tradurre opere scritte in cinese antico e dal significato oscuro. I suoi detrattori, tuttavia, sostennero che non conoscesse il cinese. Del resto un conto è sapersela cavare nella vita quotidiana, anche nelle circostanze difficili che il nostro dovette affrontare, un altro conto è conoscere le raffinatezze e gli intimi risvolti della lingua colta. Non dobbiamo dimenticare che Martini compilò una grammatica cinese, quindi doveva possedere una conoscenza notevole se non altro degli ideogrammi, che sono migliaia: solo decifrarli era un'impresa improba, tanto che il nostro, parlando degli sforzi compiuti per impadronirsi di questo numero enorme di segni, afferma di aver affrontato "le fatiche d'Ercole".

Bisogna poi considerare che il cinese aveva, e ha, diverse varianti: c'era il mandarino, la lingua dei dotti, e poi c'erano tanti dialetti, usati dal popolo e diversi da provincia a provincia. I gesuiti, pare, criticavano domenicani e francescani per la loro ignoranza del mandarino: infatti i frati conoscevano soltanto i dialetti locali e non potevano quindi penetrare a fondo il pensiero filosofico e morale cinese. Questa polemica si aggiungeva a quella ben più importante legata ai riti cinesi. Vi erano comunque lodevoli eccezioni: il domenicano padre Navarrete confessava di non saper leggere bene un libro di preghiere in cinese dopo dieci anni passati in quel paese, eppure si dava con grande assiduità allo studio del mandarino, impegnandosi fino a notte fonda.

Comunque sia, furono molti i gesuiti che si dedicarono, con maggior o minor impegno e intensità, a quest'opera di traduzione e pubblicazione di opere occidentali in cinese: ricordiamo l'antesignano, il maceratese Matteo Ricci, e poi il fiammingo Ferdinand Verbiest, il tedesco Adam Schall von Bell e i due italiani Giulio Aleni e appunto Martino Martini.

1.7 Contrasti con gli ordini mendicanti

Come ho accennato, i frati francescani e domenicani, ottenuto il permesso di predicare in Cina, erano ben presto entrati in conflitto con i gesuiti, che accusavano di eccessiva connivenza con i mandarini, di irresponsabile accettazione della dottrina confuciana, che essi consideravano come una religione da estirpare, di colpevole partecipazione alle cerimonie in onore di Confucio e ai culti in onore degli antenati e così via. I gesuiti sostenevano con buone ragioni che quelle cerimonie erano semplici riti laici, mentre per i francescani e i domenicani erano manifestazioni superstiziose e quindi da condannare.

Per ribattere a queste insinuazioni e accuse, i gesuiti dovevano dimostrare alla Chiesa di Roma, in particolare alla Sacra Congregazione de Propaganda Fide, che Confucio era stato soltanto un filosofo e un maestro, non il fondatore di una religione, e che le cerimonie confuciane avevano carattere civile ed erano prive di qualsiasi connotato religioso o superstizioso. A questo fine bisognava pubblicare in Europa opere dirette a far conoscere tutti gli aspetti della civiltà cinese: la storia, la geografia, la morale e così via. Quindi, mentre gli europei traducevano in cinese le opere occidentali per far conoscere la nostra civiltà a quel popolo, durante i secoli XVI e XVII comparvero in Europa opere in latino scritte dai gesuiti, che costituirono la base per la conoscenza della Cina da parte dell'Occidente.

In quest'opera di diffusione della cultura cinese in Europa, Martino Martini ebbe una parte di primissimo piano e si può considerare il degno erede di Matteo Ricci. Uomo di vasta cultura e di preparazione scientifica eccezionale, di aspetto imponente e di carattere forte, il padre Martini era anche dotato di grandi capacità organizzative e di un notevole ascendente che, uniti alla sua profonda conoscenza delle persone e all'ampia visione dei fatti del mondo, gli consentirono di superare situazioni difficili o addirittura pericolose, di istituire e dirigere la comunità cattolica della città di Hangzhou e di sviluppare in Occidente un'opera di diffusione culturale capace di volgere a favore della Compagnia di Gesù la "questione dei riti cinesi", cioè la controversia sulla natura delle tradizioni confuciane.

1.8 Martini nel suo secolo

Mentre il nome di Matteo Ricci è ormai noto anche al grande pubblico per merito di studiosi e scrittori che ne hanno restituito la vita e le opere, Martini è ancora poco conosciuto. Eppure la sua statura non è di nulla inferiore all'altro: questo libro vuol essere un modesto ma partecipato omaggio all'illustre gesuita trentino e un contributo, per quanto limitato, alla conoscenza della sua vita e delle sue opere.

I capitoli che seguono accompagneranno il lettore lungo la vita travagliata e intensa del padre Martini: dai primi anni trascorsi nella natia Trento ai severi studi del Collegio Romano, ai rischiosi e interminabili viaggi verso l'Oriente, con l'intermezzo del lungo soggiorno in Europa, fino alla morte nella sua amata Hangzhou. Sulla scorta delle numerose lettere scritte dal missionario ai suoi superiori di Roma, avremo modo di conoscere da vicino una personalità vigorosa nello spirito e nel fisico, fornita di grandi doti intellettuali e morali e di una profonda conoscenza dell'animo umano. Una vita, la sua, colma di grandi soddisfazioni ma anche gremita di pericoli e traversie: nel complesso una vita non molto lunga, ma piena e variata. Intorno a Martino Martini, a fare da sfondo e talora da protagonista, il Seicento: un secolo fastoso e straccione, traversato da guerre e pestilenze, ma ricchissimo di fermenti intellettuali, artistici e scientifici. Un secolo la cui variegata molteplicità sembra riflettersi nelle tante sfaccettature dell'uomo e del gesuita Martini.

Capitolo Secondo
I primi anni:
da Trento a Roma

2.1. Il "cittadino" di Trento Andrea Martini

Fu nel clima un po' cupo della Trento postconciliare che il 20 settembre 1614 nacque Martino, figlio di Andrea Martini e di Cecilia de Rubeis (de Rossi). Il padre di Martino era nato intorno al 1560 a Besagno, un villaggetto presso Mori, a sudovest di Rovereto, e verso il 1597 si trasferì a Trento, dove intraprese l'esercizio dell'attività mercantile nel quartiere di san Pietro. Subito dopo sposò Anna, figlia del mercante Pietro Toniet, originario della Val d'Aosta e console della città di Trento negli anni 1601-1603. Aveva dunque contratto un buon matrimonio, Andrea, con una ragazza di buona famiglia, che il 14 aprile 1599 gli diede un figlio, Giorgio, destinato però a vivere non più di vent'anni. Anche la moglie Anna morì anzitempo: il sacrestano e becchino della parrocchia di san Pietro in Trento annota nel registro dei morti: "Adì 6 magio 1601 – Anna, fu sepellita, fiola de meser Petter Tuniett".

Non passò molto tempo che Andrea, per dare a sé stesso una moglie e al figlioletto Giorgio una mamma, si risposò con Cecilia del fu Battista Rossi, bresciano di Iseo, che era stato fabbricante di corde. La famiglia Rossi, anch'essa appartenente a quel ceto mercantile che costituiva l'ossatura sociale della città, abitava nella contrada detta del *Canton*, all'incrocio di quattro vie: via san Pietro, via Lunga (ora via Manci), via san Marco e via del Suffragio. E proprio nel Canton Andrea acquistò intorno al 1605 la casa dove, una decina d'anni dopo, sarebbe nato Martino.

Il Canton di Trento non era un quartiere in senso stretto, ma era formato dalle abitazioni che si affacciavano all'incrocio delle quattro vie. Punto di grande traffico, passaggio obbligato per chi attraversava la città, il Canton era uno dei luoghi dove i banditori, preceduti dal "trombetta" che convocava la popolazione, leggevano le ordinanze e i pubblici proclami.

Nel Canton si dava anche il benvenuto agli alti personaggi che visitavano Trento. Possiamo immaginare il piccolo Martino ammirare affascinato i cortei che accompagnarono il passaggio dell'imperatrice Eleonora e degli arciduchi Ferdinando d'Austria e di sua moglie Claudia de' Medici. Ma il Canton era animato anche dalla folla variegata e cenciosa dei mendicanti, dei poveri, dei disoccupati in cerca di lavoro, degli ammalati diretti all'ospedale, che sorgeva nei pressi della chiesa di san Pietro e che era stato costruito dalla Fradaglia (o Confraternita) degli Zappatori tedeschi nella seconda metà del Quattrocento. E poi un formicolare di sfaccendati, un andirivieni di gente minuta e di popolo grasso tra botteghe di artigiani, fondachi di commercianti, officine di ramai, come quella dei Simonati, cugini di Martino e famosi fonditori di campane.

Cecilia, seconda moglie di Andrea Martini e madre di Martino, nacque a Trento il 10 aprile del 1578, e morì quasi ottantenne il 25 marzo 1658. Andrea invece, più vecchio di quasi vent'anni, morì assai prima, il 17 agosto 1630, all'età di circa settant'anni, probabilmente di peste. Dalla loro unione nacquero 7 figli, quattro maschi e tre femmine:

- Giovanni Battista (18 aprile 1602; morì di peste il 22 ottobre 1630)
- Brigida (7 maggio 1604; morì bambinetta il 22 luglio 1607)
- Francesco (26 ottobre 1608; morì il 18 dicembre 1676)
- Caterina (22 novembre 1611; non si conosce la data di morte)
- Martino (20 settembre 1614; morì il 6 giugno 1661 a Hangzhou, in Cina)
- Brigida (14 marzo 1617; non si conosce la data di morte)
- Giorgio (2 aprile 1621; morì il 2 gennaio 1676).

Nel 1613, un anno prima della nascita di Martino, suo padre Andrea divenne cittadino di Trento. Si trattava di un onore eccezionale: su circa diecimila abitanti, i "cittadini" erano circa 1200, gli altri erano considerati stranieri o forestieri. Erano cittadini di Trento coloro che avevano posseduto beni nell'area urbana fino al 1528: dopo questa data potevano diventarlo anche altri, purché acqui-

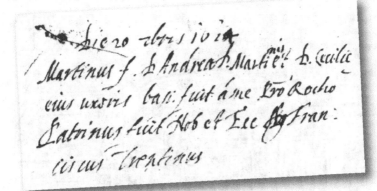

stassero immobili in città del valore di almeno 100 ducati d'oro e pagassero una tassa annuale al Principe Vescovo. I cittadini erano elencati nel libro d'oro della cittadinanza nobile e facoltosa, gli altri, che non possedevano beni cospicui, non pagavano il tributo e non giuravano fedeltà, e comparivano in un registro a parte.

La posizione eminente di Andrea è confermata dal fatto che al battesimo dei suoi figli fecero da padrini cittadini illustri, tra cui i consoli e i segretari del cardinale Madruzzo. Per esempio al battesimo di Martino, avvenuto nella chiesa di san Pietro il 20 settembre 1614, lo stesso giorno della nascita, intervenne come padrino "il nobile ed eccellentissimo Francesco Trentini" (così recita il certificato di battesimo), pure lui di Mori come Andrea, commerciante di granaglie e più volte console di Trento. La seconda Brigida (la prima era morta anzitempo, molto prima che nascesse Martino) ebbe come padrino di battesimo "l'illustrissimo Segretario" del Principe Vescovo, cardinale Carlo Gaudenzio Madruzzo.

2.2. La città del Concilio

Come ci possiamo figurare Trento al principio del XVII secolo? Il nome della città era legato indissolubilmente al lungo e tormentato Concilio che, apertosi nel 1545, si era concluso nel 1564 dopo parecchie vicissitudini e interruzioni.

Pianta topografica della città di Trento del sec. XVII, da J. Bleau, Nouveau théatre de toute l'Italie, Amsterdam, P. Mortier, 1704, tav. XXW. Riflette sostanzialmente la città medievale e quella dell'età giovanile di M. Martini

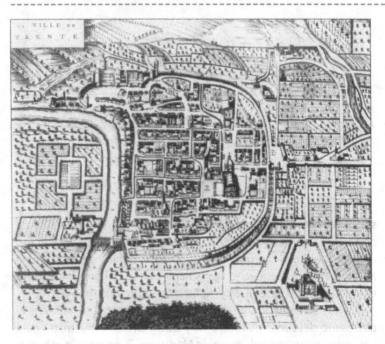

Il Concilio aveva contribuito enormemente ad accrescere il prestigio della città, che già di suo aveva una notevole importanza strategica, commerciale e culturale grazie alla posizione di snodo tra i due mondi, latino e germanico, diversi per etnia, lingua e costumi, entrambi ricchi di cultura e vivaci di istituzioni e commerci. Per la sua collocazione geografica, Trento era sotto l'influenza politica dell'Austria, ma le autorità cittadine, i Madruzzo e prima di loro Bernardo Cles (Principe Vescovo dal 1514 al 1539), avevano anche funzioni pastorali, essendo vescovi e quasi sempre anche cardinali: quindi la città si trovava anche sotto l'influenza spirituale della Curia romana, per cui vi si fondevano latinità e germanesimo.

Chiusa nelle sue mura medievali, capitale fin dal 1027 del principato omonimo, Trento era stata abbellita e nobilitata dal Principe Vescovo Bernardo Cles (1485-1539). Bernardo, originario della Val di Non, promosse un ampio rinnovo urbanistico, sistemando le vie del centro e promovendo interventi di restauro e ampliamento anche nei castelli del circondario di sua proprietà. Il suo nome resta legato soprattutto all'edificazione e alla decorazione del Palazzo Magno nel Castello del Buonconsiglio. Tutto questo fervore di rinnovamento aveva uno scopo preciso e importante: facendo leva sulla posizione geografica del principato, Bernardo, ordinato cardinale nel 1530 per suggerimento di Carlo V, propose che il Concilio, in cui si doveva affrontare il problema dei rapporti tra la Chiesa di Roma e il movimento luterano e, insieme, la riforma interna della Chiesa, si svolgesse a Trento, che egli stava portando al livello estetico e culturale delle maggiori consorelle italiane. Egli ottenne il suo scopo, ma non poté assistere all'apertura del Concilio, che avvenne solo nel 1545, sei anni dopo la sua scomparsa.

Alla sua morte fu eletto vescovo di Trento Cristoforo Madruzzo, poi nominato cardinale da papa Paolo III Farnese nel 1545, qualche mese prima dell'apertura del Concilio, al quale il suo nome è legato indissolubilmente. Cristoforo diede un immenso contributo organizzativo e logistico a quello che per secoli fu l'evento più importante della cristianità: senza badare a spese, istituì comitati che si occupassero degli alloggi, della sicurezza e degli approvvigionamenti per i numerosi partecipanti. Degno continuatore dell'opera di Bernardo Cles, mise a disposizione dei padri conciliari il Castello del Buonconsiglio e altre residenze, come il palazzo delle Albere, e le sue ville del circondario. Cristoforo fu il primo di una dinastia di Principi Vescovi Madruzzo che governarono Trento per oltre un secolo, dal 1539 al 1658, fino all'estinzione della famiglia.

A Cristoforo succedette Ludovico Madruzzo e alla sua morte, nel 1600, ne raccolse l'eredità e la carica suo nipote Carlo Gaudenzio, che fu Principe Vescovo fino al 1629. È dunque sotto il suo principato che nasce Martino Martini ed è a lui che si deve la chiamata a Trento dei gesuiti, cui viene affidata, come vedremo, l'istituzione di un nuovo ginnasio per la formazione culturale e religiosa dei giovani.

Ma non tutto era idilliaco nella piccola Trento. Problemi non ne mancavano, a cominciare dalla "guerra rustica" scatenata nel maggio 1525 dalle popolazioni contadine del circondario e domata con spargimento di sangue da Bernardo Cles. Nascevano poi, a causa delle tariffe, frequenti controversie tra i mercanti di Trento e i barcaioli che trasportavano le merci sul corso dell'Adige da e per Verona. Inoltre la convivenza tra italiani e tedeschi non era sempre pacifica. Poiché il Principe Vescovo Carlo Gaudenzio risiedeva quasi sempre a Roma per essere più vicino alla Curia, centro del potere papale, il governo della città era affidato al Magistrato Consolare, un collegio di sette consoli, di cui cinque rappresentavano il gruppo etnico italiano, più numeroso, e due quello tedesco, minoritario.

I consoli, che erano scelti tra i cittadini più influenti, godevano di grande prestigio: nominavano le autorità amministrative e doganali e curavano la riscossione dei tributi. Erano coadiuvati da altri sedici cittadini, quattro per ciascuno dei quattro settori in cui era divisa la città. Come si può comprendere, la vicinanza geografica dell'Austria aveva come conseguenza che alcuni degli abitanti tedeschi rivendicassero una maggiore influenza del loro gruppo etnico e volessero far prevalere i loro diritti su quelli degli italiani.

Tuttavia, secondo una saggia dichiarazione dei consoli, la città era

un corpo mistico, qual finora non ha fatto divisione di nazione, per la quale nascono odii, risse, parzialità.

Alla fine l'intervento del cardinale Madruzzo, appoggiato dalla maggioranza dei consoli, definì la questione e la città di Trento fu dichiarata mistilingue, e originario di una regione mistilingue tenne sempre a dichiararsi Martino Martini, che pure era di etnia italiana, ma da alcuni era definito "tedesco".

La circostanza di essere nato e cresciuto in una zona di confine, nel delicato e precario equilibrio tra due popolazioni diverse per tradizioni e cultura, rese certamente il Martini sensibile alle diversità e alla loro potenziale ricchezza. Anche suo padre Andrea era favorevole alla parità fra le due lingue e le due etnie, per cui fin da piccolo Martino respirò in casa un clima di libertà e di comprensione per il diverso, che da una parte acuì il suo desiderio di viaggiare per conoscere il mondo e le sue meraviglie e dall'altra sviluppò le sue doti diplomatiche e il suo orizzonte mentale, che gli consentirono in seguito di trattare con chiunque alla pari, senza altezzosità ma senza debolezza. Rispettoso delle persone, apprezzava sempre le doti degli altri, che sentiva fratelli nella diversità dei costumi, degli usi, della storia.

2.3. La città dei traffici e degli opifici

Oggi Trento è città di nobile e severo aspetto, adagiata su una breve pianura lungo la riva sinistra dell'Adige e dominata da monti maestosi tra cui il Bondone e la Paganella. Operosa e vivace, ricca di memorie storiche, centro di attività commerciali e produttive, situata all'incrocio di strade di comunicazione importanti, essa offre al visitatore monumenti insigni, austeri palazzi e case dalle facciate signorili, alcune affrescate, eloquenti testimoni di un passato importante. Dalla piazza del Duomo, ampia e suggestiva, vero centro monumentale e storico della città, s'imbocca la bella via Belenzani, la si percorre sino in fondo e si gira a destra per via Manci: dopo duecento metri ci si trova all'angolo con via San Pietro. Qui, al numero 4, sorge una casa che è stata identificata con quella in cui il 20 settembre del 1614 nacque Martino Martini.

Ma com'era la città al principio del XVII secolo? La si potrebbe ben definire una città delle acque, dato che l'Adige e i due torrenti Férsina e Saluga non la bagnavano solo metaforicamente, ma spesso ne allagavano le parti più basse. In particolare il Férsina, che scorre a mezzogiorno della città, era una minaccia costante per le campagne e per le case costruite fuori le mura. Le sue piene, in primavera e in autunno, erano tanto impetuose che gli argini ne venivano superati e travolti, costringendo gli amministratori della città a spese ingenti per fortificarli periodicamente. Ma allo stesso tempo il torrente era una grande risorsa, poiché forniva la forza motrice che animava gli opifici e i numerosi mulini che sorgevano lungo il suo corso. Inoltre dal Férsina si diramavano varie rogge e canali che, tutti scoperti, scorrevano lungo le vie della città. Sulle sponde di uno di questi canali, nella contrada del Fossato, sorgevano le concerie, si può immaginare con quali conseguenze olfattive.

Il corso d'acqua di gran lunga più importante era l'Adige. Vera e propria arteria per il trasporto delle merci, era percorso da frequentissimi carichi, soprattutto di legname, che scendevano a valle, in direzione di Verona, mentre altrettante barche trainate da cavalli ne risalivano il corso, trasportando quasi tutto ciò che serviva agli abitanti della città. Il porto fluviale di Trento sorgeva poco lontano dalla casa dei Martini, in fondo alla via del Suffragio, detta allora contrada Alemanna o contrada delle Osterie Tedesche.

Via San Pietro 4

2.4. La scuola dei gesuiti a Trento

Della prima infanzia di Martino Martini non sappiamo molto, ma ci possono aiutare congetture e considerazioni di carattere generale. Per quanto riguarda l'istruzione, di certo il piccolo Martino non frequentò le scuole elementari, che a Trento non esistevano ancora. I figli dei più ricchi erano istruiti in casa dai precettori, mentre le famiglie agiate, per esempio quelle dei commercianti, mandavano i figli a scuola da maestri privati, spesso sacerdoti che non si dedicavano alla cura delle anime, oppure notai, che erano piuttosto numerosi. I giovani che andavano a bottega da qualche maestro d'arte ricevevano anche un minimo d'istruzione elementare. I figli dei poveri rimanevano senza istruzione e questa incresciosa congiuntura si prolungò fino ai primi dell'Ottocento, quando un frate agostiniano, il beato Stefano Bellesini, istituì la prima scuola elementare pubblica.

Bisogna però dire che già nel Cinquecento le autorità cittadine avevano provveduto alla presenza di un maestro d'abaco, cioè di aritmetica. Ai maestri d'abaco forestieri erano concessi sovvenzioni e contributi perché potessero pagarsi l'affitto e fossero quindi invogliati a restare in città. La loro presenza era molto utile, specie ai commercianti: a quei tempi i conteggi erano difficili per la gran varietà delle misure di capacità, lunghezza, peso e per la circolazione di numerose monete diverse. I consoli dovevano anche dotare il ginnasio cittadino di un maestro di grammatica, ma, come risulta dai libri degli atti civici, il compito era tutt'altro che facile. I maestri di grammatica, per una ragione o per l'altra, restavano per pochi anni e trovare i sostituti non era agevole.

Questa situazione si protrasse per tutto il primo quarto del Seicento. Il 29 aprile 1618 il cardinale Carlo Gaudenzio, da Roma, dove risiedeva, notificò ai consoli della città la decisione di erigere in Trento le scuole pubbliche e di volerle affidare ai padri somaschi, un ordine fondato nel 1528 da san Gerolamo Emiliani per la cura degli orfani. Ma i consoli erano d'altro parere: volevano affidare le scuole ai padri della Compagnia di Gesù, che già molto si erano distinti, per esempio in Austria, per la qualità del loro insegnamento.

Mentre s'infittisce la corrispondenza tra il cardinale Madruzzo, i consoli e i gesuiti, i padri somaschi giungono a Trento nel novembre del 1618, ma privi come sono dell'appoggio dell'autorità cittadina il loro impegno non dà i frutti desiderati dal Principe Vescovo.

I somaschi riescono a reclutare soltanto 60 allievi, anche perché hanno deciso di respingere quanti non abbiano già ricevuto un'istruzione elementare, cioè la maggior parte dei ragazzi.

Finalmente, all'inizio del 1624, i consoli ottengono di far arrivare a Trento due gesuiti, ma dopo pochi mesi debbono rimandarli a Innsbruck perché le trattative tra Carlo Madruzzo e i superiori della Compagnia non sono ancora concluse. In particolare il cardinale teme, paradossalmente, che il successo dei gesuiti possa causare una serie di problemi logistici e pratici dovuti al loro grande richiamo. Ma in città la pressione per affidare l'istruzione pubblica ai padri della Compagnia di Gesù è forte: molti cittadini abbienti hanno mandato i figli a studiare in Germania o a Innsbruck nei collegi dei gesuiti, di cui hanno molto apprezzato sia il metodo scolastico sia la disciplina. Appoggiati dalla cittadinanza, i consoli non cessano di insistere e finalmente il 25 settembre 1625 i gesuiti arrivano di nuovo a Trento, questa volta per restarvi, e iniziano la loro attività educativa.

Il successo della scuola dei gesuiti in Trento si può misurare in base al numero degli allievi. Il primo giorno di lezione fu il 26 novembre 1625, appena due mesi dopo l'arrivo dei padri. Era un piccolo drappello, quello giunto in città, costituito da quattro gesuiti, un maestro e un coadiutore: non si trattava certo ancora di quella poderosa organizzazione scolastica che si sarebbe sviluppata più tardi, ma già così nel primo mese di scuola, come dicono le cronache, "il numero dei discepoli superò il centinaio, quasi tutti nobili o di sangue o di indole". Già l'anno successivo i gesuiti presentarono le due grandi novità del loro insegnamento, il teatro e il premio agli allievi migliori, novità che richiamarono sempre più iscritti.

Nel 1627 gli studenti sono tanti da imporre lo sdoppiamento delle prime classi di grammatica, mentre si inaugura il corso di retorica: di conseguenza il numero dei padri, dei maestri e dei coadiutori è raddoppiato. Nel 1628 gli iscritti sono addirittura 300, e di conseguenza deve aumentare il numero dei docenti: "nella residenza tridentina si contarono otto sacerdoti, sette coadiutori". Puntualmente cominciarono a presentarsi le difficoltà paventate da Carlo Madruzzo: i padri, entrati in Trento quasi a furor di popolo,

appoggiati e richiesti dalle famiglie per la loro fama di impareggia-
bili precettori, si trovarono di fronte da una parte alla necessità di
trovare i locali adatti alla scuola, al teatro, alla chiesa, al collegio, dal-
l'altra a una situazione generale che andava degenerando.

L'Europa era devastata dalla nefasta Guerra dei Trent'Anni
(1618-1648), che portava ovunque fame, miseria e malattie. Tutta
l'Italia era attanagliata dalla carestia, Trento in particolare soffriva
dell'assenza prolungata del Principe Vescovo, che preferiva abita-
re a Roma, vicino al centro del potere papale. Erano lontani i tempi

Chiesa di San Francesco Saverio ed ex Collegio dei gesuiti, via Roma, Trento

in cui la cittadina sull'Adige aveva ospitato il Concilio, diventando uno dei grandi centri religiosi e politici d'Europa. Immersa in un sonnolento anonimato, Trento stava perdendo le sue antiche attrattive e si avviava a un lento ma inarrestabile declino. Per giunta nel 1630 scoppiò la peste che, oltre a decimare tragicamente la popolazione, rafforzò il sentimento religioso popolare, incoraggiando preghiere, implorazioni e processioni, ma fomentò anche un clima miracolistico e superstizioso, in cui si moltiplicavano fatture, scongiuri e sortilegi, spingendo alcuni ad azioni disumane e crudeli, in sciagurata armonia con le infami pratiche dell'inquisizione, fatte di sospetti, delazioni, processi e atrocità. La peste, che si portò via quasi un quinto della popolazione, duemila abitanti su un totale di circa diecimila anime, fece la sua prima comparsa in città, nel quartiere di Borgonuovo, nella tarda primavera del 1630, tanto che i numerosi mercanti giunti a Trento verso la fine di giugno per partecipare alla fiera di san Giovanni furono allontanati per ordine del magistrato consolare e la fiera fu sospesa.

Tra le vittime si contò anche il fratello più vecchio di Martino, Giovanni Battista, nato nel 1602, che morì nell'ottobre 1630. Anche Andrea Martini morì quell'anno, forse di peste, ma non se ne ha conferma certa. Si può immaginare quale disastro provocasse la pestilenza nella città di Trento: le attività commerciali ristagnavano, i traffici erano sospesi, le vie cittadine erano semideserte, il lazzaretto costruito al Briamasco (in riva all'Adige, dove oggi sorge lo stadio) pullulava di appestati, i morti non si contavano.

Nonostante tutto, all'epoca della fanciullezza di Martino Martini Trento era ancora una città stimolante ed era la depositaria della cultura umanista e rinascimentale dei Cles e dei Madruzzo. Non solo: la singolarità della terra trentina, da sempre porta principale e cerniera tra l'Italia e i paesi di lingua tedesca, contribuì a gettare in Martino fanciullo il seme della curiosità e il senso della diversità, contrastando il provincialismo e la ristrettezza di vedute che avrebbero potuto soffocare chi nascesse in una piccola cittadina tra le montagne.

Sappiamo che all'inizio Martino andò a scuola da un maestro privato, Giacomo Mersi, appartenente a una famiglia imparentata con i Martini. I Mersi erano persone istruite, e tra loro vi erano anche un sacerdote e un notaio. Quindi Martino si trovò da subito in un ambiente colto, favorevole all'apprendimento, che dovette stimolare la sua intelligenza e prepararlo nel modo migliore all'istruzione dei gesuiti. Quando giunsero a Trento i padri della Compagnia, Martino Martini compiva 11 anni. Il ragazzo entrò nella loro scuola e vi restò fino a quando, a 18 anni, partì per Roma: era l'ottobre del 1632.

La partenza per Roma fu l'inizio della sua vasta peregrinazione per il mondo: viaggi per terra e per mare, ma anche incontri con persone e genti nuove e diverse, contatti con lingue, tradizioni e costumi esotici, visite a luoghi, paesi e territori lontani. Nell'affrontare e nell'assimilare queste molteplici esperienze gli fu di grande aiuto il vero e proprio teatro cui assisté da bambino e poi da adolescente nella sua Trento: il vicendevole intreccio di lingue e di genti, l'incrociarsi dei traffici, i racconti e le parlate dei mercanti e poi le letture e le rappresentazioni alla scuola dei gesuiti. Alla base della sua decisione di recarsi a Roma per intraprendere i severi studi del Collegio Romano, di diventare poi gesuita e infine di recarsi in Cina come missionario ci sono probabilmente queste prime esperienze, questa vasta apertura mentale, questa tensione verso ciò che è lontano e diverso e perciò stimolo e fonte di stupore. Possiamo dire che il destino di Martino Martini fu in buona misura determinato dall'atmosfera che respirò bambino e adolescente nella sua città natale.

2.5 Il Collegio Romano

Il 7 ottobre 1632 Martino Martini entra nella Compagnia di Gesù in sant'Andrea del Quirinale a Roma, dove completa il periodo di noviziato e poi, tra il 1634 e il 1635, frequenta i corsi del biennio di retorica presso il Collegio Romano. La retorica mirava alla conquista della perfezione espressiva attraverso la conoscenza delle lingue classiche, di Cicerone e della filosofia.

È opportuno a questo punto dire qualcosa sul Collegio Romano. Questa illustre istituzione era nata nel 1551 come "Scuola di grammatica, di umanità e dottrina cristiana, gratis", secondo lo spirito del Concilio di Trento, e nel 1553 aveva avviato gli studi di filosofia e di teologia, affiancandosi così alle sedi che il

Il Collegio Romano, presso il quale M. Martini frequentò i corsi del biennio di retorica negli anni 1634-35 e il biennio di filosofia (1636-37), da un'incisione di G. Vasi, sec. XVIII

Collegio aveva già a Parigi e a Lovanio. Visto che l'insegnamento era gratuito, il Collegio accoglieva ragazzi di ogni condizione e all'epoca di Martino erano circa duemila gli studenti, che provenivano da ogni angolo d'Europa, da cui il titolo di *Collegium Universale* o *Seminario di tutte le Nazioni*. Scopo dell'istituzione, che a quell'epoca era all'apice della fama per efficienza didattica, organizzazione e capacità degli insegnanti, era di formare gli allievi "non meno alla virtù e alla fede che all'erudizione".

Il Collegio era un vero e proprio santuario aristotelico e i docenti non dovevano discostarsi in nulla da quest'unico maestro riconosciuto. La filosofia era propedeutica alla teologia, il cui unico modello era san Tommaso d'Aquino. Alla conoscenza del mondo secondo Aristotele si affiancava tuttavia un curriculum scientifico di tutto rispetto, che comprendeva geometria, prospettiva, aritmetica, geodesia, geometria sferica, cosmografia, astronomia e tavole astronomiche, la misura del tempo e la determinazione della posizione degli astri con orologi e astrolabi, musica, meccanica, idrografia e architettura: tutte discipline obbligatorie, che, era convinzione dei gesuiti, servivano alla loro missione evangelica. Si può quindi affermare che il Collegio era una delle istituzioni scientifiche più importanti d'Europa.

Già durante lo studio della retorica, prima di affrontare il biennio di filosofia, il desiderio di Martini di recarsi in Oriente come missionario si fa ardentissimo, tanto che l'11 agosto 1634 scrive al padre generale della Compagnia Muzio Vitelleschi la lettera che

Muzio Vitelleschi S.J. (1563-1645), sesto Preposito Generale della Compagnia di Gesù, cui M. Martini indirizzò, il giorno 11 agosto 1634, domanda di andare missionario nelle Indie. (Si veda lettera I nel vol. I dell'Opera Omnia, pp. 51-55). Dai "Ritratti de' Prepositi Generali della Compagnia di Gesù, delineati e incisi da Arnoldo Van Westerhout", Roma 1759

abbiamo visto all'inizio del capitolo precedente per ottenere di essere inviato nelle Indie.

Quando la sua richiesta di partire per le Indie fu accettata, Martini proseguì nello studio con rinnovato vigore, prefiggendosi di raggiungere l'eccellenza soprattutto in matematica. Sapeva infatti che la conoscenza della matematica aveva offerto molti vantaggi a chi si era introdotto in Cina prima di lui, in particolare Matteo Ricci. Tra i suoi maestri al Collegio Romano il più noto era

Copia della lettera indirizzata da M. Martini al suo maestro Athanasius Kircher, spedita da Bruxelles il 21 febbraio 1654. Per il testo in lingua latina con relativa traduzione si veda, nel vol. I dell'Opera Omnia, la lettera XIII (pp. 247- 253)

il grande erudito Athanasius Kircher (1601-1680) da Fulda, in Germania, al quale Martini tributò sempre una stima profonda e al quale fu legato da affetto filiale. Dal 1635 Kircher fu professore di matematica, fisica e lingue orientali presso il Collegio: un vero pozzo di erudizione, autore di un numero sterminato di opere, anche se non sempre all'acume della ricerca corrispondeva in lui un'adeguata sensibilità critica.

Martini rimase in corrispondenza con il padre Kircher anche dopo la sua partenza per la Cina, informandolo minutamente di ciò che accadeva durante il viaggio per mare. In particolare gli comunicava le osservazioni che veniva facendo relative alla fisica, all'astronomia e alla nautica e soprattutto gli descriveva le variazioni del magnetismo da lui scrupolosamente annotate durante la navigazione. Di queste osservazioni, come di quelle che gli giungevano da altri viaggiatori, padre Kircher faceva tesoro nella compilazione delle sue opere, tra le quali ve n'era una, *Magnes, seu de arte magnetica opus tripartitum*, pubblicata a Roma una prima volta nel 1641 e in seguito ancora a Roma nel 1654, dedicata appunto al magnetismo e alla bussola. Delle molte lettere che Martino scrisse a Kircher (forse non tutte giunte a destinazione per l'aleatorietà delle comunicazioni del tempo, specie su distanze grandi), ne rimangono sei, che ci forniscono una vivida descrizione delle sue avventure di viaggio, che narreremo nel prossimo capitolo.

2.6 Un ritratto di Martino Martini

Uomo di forte carattere e vasta dottrina, Martino Martini visse solo 47 anni, eppure la sua produzione in campo storico, geografico, linguistico, filosofico e religioso è davvero eccezionale, soprattutto se si tien conto che 24 anni li spese tra l'infanzia e gli studi e 12 li passò sui mari, al confino, sequestrato dai pirati e in vari viaggi. Ne restano dunque solo una decina che passò in terra cinese, dedicandosi allo studio della lingua e della cultura, all'opera di educazione e di conversione e all'organizzazione e al rafforzamento della comunità cattolica di Hangzhou, pur tra disagi e pericoli gravissimi. Tenendo conto di questi tempi e di questi impegni, è quasi incredibile la mole di lavoro che egli riuscì a svolgere in campo scientifico e ancora più incredibile è il silenzio che per tanti anni ha avvolto questa figura eccezionale e che solo di recente ha cominciato a dissiparsi. Parlava correntemente l'italiano, il tedesco, il portoghese e il latino, leggeva con padronanza il cinese classico, scriveva e parlava il cinese a lui contemporaneo e il dialetto dello Zhejiang.

Nei pochissimi ritratti che ce ne rimangono, ha una figura maestosa e imponente e a questo aspetto corrispondeva un carattere solido e coraggioso, non disgiunto da una calma sicurezza e da un tratto nobile e affabile. Questa personalità gli consentiva di affrontare e superare i frangenti più difficili con calma e risolutezza, mediando quand'era possibile, altrimenti agendo con decisione e fermezza, senza scendere a compromessi. Tollerante e comprensivo, evitò sempre il fanatismo, ma allo stesso tempo fu coerente e determinato. Sostenuto da principi solidi e da fede sicura, non venne mai a patti con la sua coscienza. Buon oratore e ottimo organizzatore, era versato nelle scienze, soprattutto nella matematica e nell'astronomia, ma non era certo privo di spirito pratico, come dimostrò in molte occasioni. Innamorato della Cina, conquistato dalla ricchezza di quella civiltà, pratico della lingua ed esperto della filosofia di Confucio, finì con l'occupare una posizione altissima, diventando mandarino. Non impose mai elementi della cultura europea ai cinesi, ma regalò loro la traduzione di alcune opere di Cicerone, Marco Aurelio e Seneca, relative in primo luogo all'amicizia, sentimento che i cinesi tenevano in altissima considerazione. Sull'altro versante, lungi dal fare il panegirico della realtà cinese agli europei, la presentò sempre con misura, senza forzature o manicheismi. Finirà col diventare più cinese dei cinesi, senza mai tradire la sua fede, anzi conquistando un buon numero dei suoi nuovi connazionali al cattolicesimo.

Sconfinata è l'ammirazione che gli tributarono i suoi amici cinesi. Il medico Zhu Shi scrive di lui nell'introduzione al *Trattato sull'amicizia di Martino Martini*:

Ha maniere eccezionali, è grande nella persona, di animo illuminato e splendidamente caritatevole. A guardarlo sembra un angelo. È quel che si dice un uomo perfetto.

Il letterato Xu Erjue, nipote del mandarino Xu Guangqi, che aveva introdotto Matteo Ricci alla corte imperiale, nella stessa introduzione lascia di Martini questo ritratto:

Nella sua grande virtù e saggezza egli spiega in maniera semplice e dettagliata. La sua mente è limpida come uno specchio, i suoi sentimenti giusti come una bilancia. È limpida e così vede chiaramente ciò che è bene e ciò che è male, è giusta e così non pensa a sé quando deve dare un giudizio. Stringe amicizia con la mentalità di chi ama gli altri come se stesso e che fa sì che i buoni diffondano a lungo la loro benefica influenza e i cattivi si correggano. Il signore oggi è morto (6 giugno 1661), ma questo suo *Trattato sull'amicizia* è un'opera che sfiderà imperitura i secoli.

Sono ritratti che suonano forse troppo agiografici, specie se confrontati con ciò che di lui dissero i suoi avversari, che ne biasimarono la superbia e l'altezzosità, il carattere collerico e prepotente. Ma di questo parleremo quando ci occuperemo da vicino della questione dei riti cinesi.

Capitolo Terzo
Dall'Europa alla Cina

3.1 In viaggio verso Lisbona

Il primo tentativo di raggiungere l'Oriente, il giovane Martino Martini lo compie nel 1638, all'età di ventiquattro anni. Quando pensiamo che a questa età molti dei nostri giovani vivono ancora coi genitori, studiando o cercando il primo lavoro comprendiamo meglio la portata dell'impresa di Martini e di tanti suoi compagni. A quel tempo si maturava in fretta, in fretta si prendevano le decisioni radicali della vita e ci si assumeva precocemente la responsabilità di una famiglia e di un lavoro oppure si seguiva la vocazione pastorale e missionaria. Insomma i tempi erano diversi, anche per la durata media della vita, che era molto inferiore a quella di oggi. A cinquant'anni un uomo era considerato un vecchio, che non aveva più nulla da dare se non la saggezza basata sull'esperienza. Una donna poi a quell'età era decrepita e si accontentava di dare una mano nei lavori dei campi, nelle faccende domestiche e nell'allevamento dei nipoti. Questo per dire che Martino Martini era giovane se visto con gli occhi di oggi, ma era un uomo fatto se considerato nel contesto del Seicento.

Il 22 luglio 1638 aveva ricevuto l'ordine di prepararsi a partire da Roma e ai primi di settembre era stato ordinato sacerdote. Si recò a Genova e il 19 settembre salpò con undici compagni alla volta del Portogallo, che allora era il paese dal quale partivano le spedizioni per l'Estremo Oriente, ma le cattive condizioni del mare lo costrinsero a tornare indietro. A Genova, il 20 dicembre, circa un'ora dopo mezzanotte, osservò un'eclissi di luna che si protrasse per circa quattro ore e provocò un oscuramento totale. Ripartito dal porto ligure il 25 dicembre con una nave inglese, dopo varie traversie il 29 gennaio successivo giunge a Lisbona, da dove, il 6 febbraio, scrisse una lettera al suo mentore padre Kircher per comunicargli le impressioni che gli aveva procurato l'eclissi, impressioni sorrette da grande precisione descrittiva, ma anche intrise di afflato lirico:

Quando [l'eclissi] era cominciata c'erano varie nuvole sparse per il cielo e alcuni tenui vapori, i quali, circa a metà dell'eclissi, si dileguarono. La luna, mentre era in piena eclissi, sembrava avere tuttavia qualche po' di luce e a me appariva come un globo di ferro cadente né mai fu oscurata al punto che, tanto per mezzo del tubo [cioè del telescopio] come anche a occhio nudo non si vedesse simile a una massa sferica dall'aspetto di un ferro cadente, però quasi il doppio minore di quanto suole negli altri pleniluni. Uscì poi dal cono d'ombra tanto bella, d'un colore così vivo, che credo di non averla mai vista così bella.

Mentre durava l'eclissi, osservai otto o nove stelle cadenti, non lontano dal luogo dell'eclissi. C'erano inoltre due piccole stel-

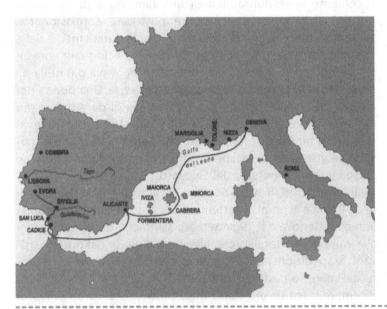

Viaggio di Martino Martini da Genova al Portogallo (25 dicembre 1638 – 29 gennaio 1639). Vedi Opera Omnia, vol. I, lettera 11, pp. 57-70

le che stavano di qua e di là della luna come due candelabri: una dalla parte meridionale, l'altra dalla parte orientale di essa. All'eclissi seguì per alcuni giorni tanta mitezza di cielo, che sembrava primavera: un gran calore, una grandissima bonaccia del mare, non un alito di vento.

La nave inglese sulla quale si era imbarcato alla volta del Portogallo era salpata da Genova proprio il giorno di Natale del 1638 "con un ottimo vento", ma restò subito bloccata nel golfo del Leone, a sud di Marsiglia, dalla bonaccia. Il mare

sembrava un placidissimo lago. Vi consumammo due giorni senza acqua da bere, finché ci assalì un maestrale di ponente, il quale, benché non fosse una grande tempesta, tuttavia ci costrinse a deviare dal retto itinerario.

La nave viene spinta presso la piccola isola di Cabrera, dove la coglie un altro giorno di calma piatta. Così, in un alternarsi di tempeste e di bonacce, l'imbarcazione impiega quattordici giorni a superare lo "stretto di Ercole", cioè Gibilterra:

Qui fui tanto curioso che in quella notte splendente di luna non dormii, per contemplare quelle fauci davvero degne di essere viste. Per quelle fauci entra tanta acqua nel mare Mediterraneo, che una nave può giungere a Malaga in un sol giorno senza che soffi il vento, per la sola corrente dell'acqua, come mi attestava il pilota. Ma ciò che mi fece più meraviglia è che l'acqua non esce mai, ma entra continuamente. E dove mai va a finire tutta quell'acqua?

Anche qui si manifestano lo spirito d'osservazione del nostro, la sua capacità di trasfigurare i fenomeni e i paesaggi e la sua curiosità, dote tipica dell'uomo di scienza, che non cessa di porsi domande e sollevare problemi. Padrone della lingua latina (qui diamo naturalmente la versione italiana delle sue lettere, quasi tutte scritte nella lingua di Cicerone), Martino non si limita a un resoconto del viaggio e degli episodi cui assiste, ma vi intercala osservazioni e commenti a volte molto acuti, a volte pieni di stupore per le cose viste o udite raccontare. Per esempio:

Quando fummo presso la piccola isola di Cabrera [a sud delle Baleari], ci colse di nuovo una bonaccia per circa un giorno. Ma qui mi sia lecito aggiungere qualche cosa, a dire il vero, di meraviglioso, narratomi dal capitano della nostra nave, cioè che nel Golfo di Lione talvolta cade dal cielo tanta acqua tutta insieme, come se qualcuno rovesciasse una fontana o un pozzo, la quale, se cade sulla nave, la sommerge. E aggiunse che una volta cadde vicino alla sua nave con tanto impeto, che l'acqua del mare, sollevata da quella violenza, si riversò sulla nave che distava circa quaranta passi.

Non è dato sapere se padre Martini credesse o no a questo racconto: in altre occasioni si mostrò alquanto scettico di fronte alle storie udite se queste avevano dello straordinario, senza tuttavia che il suo scetticismo si tramutasse in incredulità.

Da Cadice, porto grande e sicuro, dove "attraccano tutte le flotte cariche d'argento e di merci delle Indie Occidentali", Martini parte con una piccola feluca per risalire il Guadalquivir, che "è bellissimo, per dire quello che è giusto", e giunge a Siviglia.

La lettera che riporta le osservazioni astronomiche relative all'eclissi contiene anche informazioni sulla declinazione dell'ago magnetico, che come sappiamo stavano molto a cuore a Kircher, ma si capisce bene che il padre Martini è talmente sopraffatto dai paesaggi che contempla e dalle avventure del viaggio da non riuscire a dedicare molto tempo alla corrispondenza scientifica: "Per quanto riguarda la matematica, in seguito di più e con più diligenza...", ma subito si ricorda che sta scrivendo al suo coltissimo maestro, e aggiunge

Se ha qualche cosa di nuovo e di curioso riguardo a queste scienze, me lo faccia sapere. Aspetto la *Filosofia Magnetica* e il *Concilio Matematico* [opere cui stava lavorando Kircher].

E poi un omaggio alla fama dell'erudito:

Di una cosa mi rimane da informare Vostra Reverenza, e cioè che mentre ero a Firenze [durante il viaggio da Roma a Genova] fui chiamato dal granduca [Ferdinando III di Lorena] ... Fra le altre cose che egli trattò con me, mi chiese chi avessi avuto come insegnante di matematica: nessuno, gli risposi candidamente, tranne Vostra Reverenza per due mesi. Lui allora mi disse: Ho sentito parlare molto di questo Atanasio e della sua erudizione e desiderai spesso, se mai un giorno fosse chiamato a Firenze, averlo vicino, il che mi sarebbe cosa graditissima.

Se ne deduce, tra l'altro, l'alta considerazione in cui erano tenuti, a quel tempo, gli studi di matematica e la stima di cui godevano i gesuiti presso i sovrani.

3.2 Il primo tentativo (13 maggio -13 ottobre 1639)

L'agognato viaggio verso le Indie comincia finalmente il 13 maggio 1639, ma è troppo tardi rispetto al periodo ideale per iniziare la navigazione, che è limitato ai mesi di marzo e aprile. Le condizioni atmosferiche generali, infatti, e soprattutto il regime dei venti, variavano, allora come oggi, nel corso dell'anno. I venti dominanti erano favorevoli ai viaggi verso sud lungo le coste dell'Africa soltanto se si partiva entro la fine di marzo. Infatti in luglio la spedizione fu costretta a tornare indietro e rientrò a Lisbona in ottobre.

L'8 novembre 1639, Martino Martini scrive al padre Kircher da Coimbra, in Portogallo:

A Vostra Reverenza spedisco una lettera più tardi che agli altri padri romani, perché più lunga. Infatti, come avevo promesso più volte a Vostra Reverenza, trasmetto vari esperimenti riguardanti la matematica, osservati scrupolosamente... Lasciammo Lisbona il 13 maggio all'incirca alle otto del mattino. Salparono contemporaneamente due navi, una grande, una più piccola e noialtri nove della Compagnia, tre italiani e sei portoghesi, viaggiavamo sulla grande, favoriti da un ottimo vento... Proprio il 21 maggio, di primo mattino, scorgemmo contemporaneamente due isole delle Canarie. Stavano a oriente e contro l'opinione di tutti dissi che la maggiore era Tenerife, la minore proprio Gomera (il nostro pilota credeva di averle già oltrepassate) e non mi sbagliavo.

*Primo tentativo, non riuscito, di partire per la Cina: Lisbona (13 maggio -
13 ottobre 1639). Vedi Opera Omnia, vol. I, lettera 111, pp. 71-86*

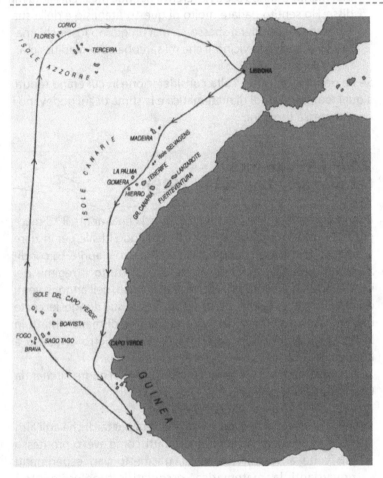

Possiamo perdonare al padre Martini questa piccola vanteria, che
come vedremo non è l'unica e che denota da una parte la sua
acutezza e dall'altra un certo orgoglio per le proprie capacità.

Tutto sembrava procedere per il meglio: il 22 maggio la nave
oltrepassò l'isola di Palma, poi navigò in mare aperto verso il Sud:

> Da allora non vedemmo più terra fino al sesto grado e mezzo di
> altitudine boreale (nord), dove arrivammo, avvantaggiati da un
> ottimo vento, il giorno 7 di giugno, navigando così nel mare che

si trova tra le isole del Capo Verde e quelle che si trovano vicino allo stesso Capo. Benché non arrivassimo mai a scorgerla, pure non dovevamo essere molto distanti dall'Africa, al punto che speravamo che soffiassero i venti da quella terra. Invece una volta arrivati fin lì ci toccò vivere per ben 46 giorni nell'attesa di essi, facendo nel frattempo esperienza di null'altro che tempeste, tifoni contrari e piogge infinite. A dir a Vostra Reverenza il vero, quella terra e il mare lungo quella costa, che viene detta di Guinea, sembrano maledetti dall'eternità, tanto è il caldo che vi fa, tanta la pioggia, tante le bonacce, roba da non crederci! Se talvolta tirava un qualche colpo di vento, esso era così violento da rompere le vele e gli alberi, mentre, se con esso facevamo un qualche tratto di viaggio, esso soffiava appena per una o due ore, cosicché, per la forza delle acque che, credo, correvano nella direzione del grecale [cioè in direzione NE] venivamo subito spinti indietro di un intero grado [circa 110 chilometri], mentre noi credevamo che la nave fosse ferma, dato che il mare ristagnava come un piccolo lago. [In quella zona d'oceano] le acque sono biancastre, come se fossero mescolate col latte e corrono verso sud con grandissima forza. Invero, poiché si erano perse le speranze di procedere oltre la Guinea, fu fatto un consulto e venne deciso di far ritorno, cosicché con grande dolore mio e dei miei compagni voltammo la poppa il 13 luglio.

Durante tutta la navigazione, Martino aveva calcolato la posizione della nave, controllandola ogni tanto con gli strumenti, e annotò ancora con un certo compiacimento:

Il giorno 13 agosto feci di nuovo il punto fisso sulla mia carta. Infatti ogni giorno l'avevo ben calcolato, avendo sbagliato non più di 15 leghe, mentre il pilota aveva sbagliato di 50.

Ma le avventure non erano finite: sul punto di oltrepassare l'isola Brava (di fronte a san Tiago), si videro venire incontro 19 navi. Rassegnati al combattimento e alla morte quasi certa, i nostri videro con sollievo che le navi si allontanavano e capirono che si trattava di vascelli portoghesi con un carico di militari diretti a Pernambuco, una regione brasiliana del Nord Est. Per di più il 31 di agosto, all'altitudine di 26° e 10', incominciammo a vedere l'erba detta "sargasso" in mezzo all'oceano... Quest'erba si vede in grandissima quantità fin quasi alle isole Terceire [le Azzorre], ma a occidente di esse. Infatti mai, per tutto il viaggio, si vede dalla parte orientale. Anzi questo è un segnale per i timonieri, i quali così capiscono di trovarsi troppo a occidente e un po' alla volta cominciano a dirigersi verso oriente per mezzo del grecale. Quest'erba è simile a stoppa, se questa avesse le foglie, con tante bacche rotonde. Dicono che questo seme è ottimo per il mal della pietra [i calcoli renali].

Il primo di ottobre le due navi incapparono in una fortissima tempesta:

talmente forte che si dovettero ammainare tutte le vele, tranne una piccolissima, con la quale correvamo. L'acqua era più alta dei monti, così che la nostra nave compagna, a noi vicinissima, che non distava mezzo miglio italiano, non si poteva vedere in alcun modo, nemmeno l'estremità dell'albero. Anzi, la perdemmo di vista e non la vedemmo più.

Padre, se le dicessi cos'è una tempesta dell'oceano non mi crederebbe, ma la nave su cui viaggiavamo era buona, cosicché per quanto la tempesta durasse due giorni e due notti, per tutto questo tempo, usando per vela soltanto un lenzuolo, navigammo per quasi settanta leghe [circa 400 chilometri] sotto la spinta del vento Libico. Quando la tempesta si calmò capimmo che eravamo tornati all'altitudine alla quale pervenimmo l'8 agosto. E qui nocchieri e nobili fecero a gara per indovinare dove ci trovavamo e quando avremmo visto con certezza la terra portoghese.

Io, a dire il vero a Vostra Reverenza, riuscii vincitore più volte: dissi che distavamo dal continente solo cento leghe e che o di giovedì, cioè il 13 notte, o di venerdì, di primissimo mattino, col vento che ci spingeva, saremmo arrivati in Portogallo. E avvenne tutto così, in modo che da queste mie affermazioni guadagnai fama di veritiero.

Scrivo questo, non per lodarmi, ma perché Vostra Reverenza veda quello che da Vostra Reverenza ho imparato [...]

Nella lettera scritta a Kircher da Coimbra, di cui abbiamo riportato alcuni passi tra i più suggestivi, Martini inserisce molte osservazioni e molti dati relativi alle variazioni magnetiche, rilevate con ingegnosi sistemi in parte escogitati da lui. Sui particolari non si dilunga, perché per un sapiente come il padre Kircher bastano poche parole. Vi sono anche notazioni più discorsive, ma sempre interessanti:

Riguardo alle stelle del polo meridionale dico non molto, perché in mare, a causa del movimento di questo, non si possono osservare in modo da descriverle. Dico solo che la Croce è una bella costellazione, però le sue stelle non sono più chiare né più grandi delle stelle dell'Orsa Boreale. Ma di queste cose, osservate da terra, dirò l'anno prossimo.

3.3 Il secondo tentativo: da Lisbona a Goa (23 marzo - 19 settembre 1640)

Fu solo l'anno dopo, il 1640, nel tempo giusto, il 26 marzo, che il padre Martino Martini, con 24 confratelli di varie nazionalità, salpò da Lisbona (l'imbarco era avvenuto tre giorni prima, il 23) e iniziò il lunghissimo viaggio che in tre anni doveva portarlo in Cina. La sua nave faceva parte di un convoglio di cinque, tre delle quali dirette in Brasile e due verso le Indie. Di queste ultime, il galeone *S. Antonio* era la nave Capitana e trasportava il viceré dell'India, João da Silva Teles, conte d'Aveiras, mentre l'altra, la nave Ammiraglia, sulla quale si trovavano quasi tutti i religiosi, era la *Nossa Senhora de Atalaia*. Nell'elencare i 21 gesuiti imbarcati sull'Ammiraglia (quattro erano sulla Capitana), Martini si mette all'ultimo posto, e aggiunge che:

da alcuni sono detto germanico, da altri italiano, per il fatto che sono di Trento, città posta sui confini tra l'Italia e la Germania.

Ma lui, come abbiamo sottolineato, amava considerarsi soprattutto tridentino.

Prima di partire, il 16 marzo, Martini scrisse di nuovo al suo maestro da Lisbona, sia per promettergli che gli avrebbe mandato i dati ricavati dai rilievi che avrebbe compiuto durante la navi-

gazione, sia per invitarlo a trasferirsi in Cina, dove c'era tanto bisogno di matematici validi:

> [...] poiché c'è qui il padre Alvaro Simedo, il quale ha stabilito
> di condurre in Cina dei matematici, Vostra Reverenza pospon-
> ga Roma alla salvezza delle anime, la porpora dei cardinali al
> martirio, gli onori e gli applausi umani alla felicità eterna.

Ma Kircher non se la sentì di abbandonare la sua vita di studioso
sedentario per seguire l'esortazione del suo allievo.

La prima parte del viaggio, da Lisbona a Goa, possedimento
portoghese sulla costa occidentale dell'India, durò cinque mesi e
ventidue giorni e si concluse il 19 settembre. Martini, in una lun-
ghissima lettera spedita da Goa al padre generale Muzio
Vitelleschi l'8 novembre 1640, descrive con minuzia di particolari
la vita a bordo, che per i gesuiti si svolge tra preghiere, litanie e
atti di contrizione, oltre che naturalmente celebrazione di messe,
frequentissime confessioni, comunioni e orazioni in suffragio
delle anime del purgatorio. Tre volte la settimana si faceva il catechismo ai bambini, e nei giorni di festa si tenevano le omelie. In
più, c'era l'assistenza ai malati, quando ve ne fossero. Questi compiti, distribuiti con metodo e precisione tra i padri, venivano
espletati con entusiasmo e abnegazione.

Ma andiamo per ordine, perché il viaggio si presentò difficile
fin dalla partenza da Lisbona. Racconta Martini:

> Spiegate le vele, auspicavamo la tanto desiderata navigazio-
> ne, ma dopo che ci fummo allontanati due leghe nel porto
> stesso, che è di tre leghe, causa il riflusso marino e la mancan-
> za di vento, fummo costretti a gettare l'ancora. Lo stesso fu
> fatto il giorno 24. Infatti, avanzati alquanto, ci fermammo di
> nuovo, non senza pericolo di scogli e di cumuli d'arena, che
> giacciono alle bocche del porto. Correva pericolo specialmen-
> te la Capitana, che si era molto avvicinata al fortilizio ligneo,
> che chiamano "cabega seca", dove il fondo, per essa, era appe-
> na sufficiente. Le altre navi erano in luogo più sicuro. Là ci fer-
> mammo anche il giorno 25 per mancanza di vento. Ma la
> Capitana, aiutata da una triremi, cambiò posto. La notte
> l'Ammiraglia corse un grande pericolo: infatti, per il flusso del-

l'acqua e la forza del mare impellente, la fune cui è legata l'ancora si ruppe, e noi recedemmo di circa 40 passi; ma, avvertito il pericolo, gettammo un'altra ancora, altrimenti, se le acque rifluenti in mare ci avessero così sospinti contro gli scogli, che chiamano "Schazapos", saremmo stati trascinati verso la rovina. Superate finalmente queste difficoltà, il giorno 26, verso mezzogiorno, uscimmo dal porto incolumi.

Non mancarono i riti della settimana santa:

Il giorno delle Palme [primo aprile] nel catechismo fu pubblicata la confessione generale e la comunione per il Giovedì Santo, con la promessa di una medaglia per ciascuno per lucrare le indulgenze. Eretti tre altari in vari posti, fu fatta la processione. La notte ci castigammo in pubblico con flagelli. Benedicemmo un bellissimo cero pasquale, esponemmo il Santissimo Sacramento all'adorazione pubblica per alcune ore, con l'accompagnamento di una musica decorosa. Furono esposte le bandiere, al rombo dei cannoni e l'applauso degli animi. Si accostarono alla santa Comunione più di seicento [...]

La nave contava circa 800 uomini: quelli che non si erano comunicati durante la settimana santa, lo fecero il giorno di Pasqua. Possiamo immaginare questa grande nave, diretta in luoghi lontani ed esotici, illuminata nella notte dalle fiaccole e ancor più dal fervore religioso di tutti, risonante di inni e di canti, guidate le devozioni dai padri gesuiti che esponevano l'immagine di san Francesco Saverio per impetrare il favore dei venti. Una visione quanto mai consona all'immagine che abbiamo di quel secolo fastoso e devoto che fu il Seicento.

Poi "il 13 aprile il viceré mandò avanti in India la velocissima nave minore, per annunciare la sua venuta". Ma a questo punto, nonostante l'ottimismo del viceré che forse considerava già conclusa la navigazione, cominciano i guai. Scrive Martini:

Il giorno 15 sulla nostra nave già prese a diffondersi quella malattia volgarmente detta "del bizo" [dal portoghese "bicho", che significa verme, insetto], la quale se non è curata subito, uccide, ma è difficile da scoprire perché si annida nella parte nascosta del deretano. Tuttavia, per il fatto che causa solo mal di testa con qualche dolore alle ossa, è facile da curare, se si manifesta; ciò che è avvenuto sulla nostra nave. Infatti un marinaio, esperto di questa facile medicina, ne curò duecento.

Poiché a bordo mancavano sia il cappellano sia un infermiere, toccò ai padri, che si assunsero il grave compito con cristiana letizia, curare e assistere i corpi e le anime, ascoltando le confessioni, amministrando il viatico e l'estrema unzione ai moribondi.

E non c'è stato uno che sia morto senza esser stato consolato dalla presenza di qualcuno dei nostri. Chiamati nelle notti burrascose, tutti correvano a gara.

Ma la situazione non era rosea: giunti verso la metà di aprile all'altezza della Guinea, dove l'anno prima si era interrotto il viaggio, zona di transito difficile tanto per le bonacce e per il calore insostenibile quanto per "le malattie che là sono pestilentissime", si potevano contare sulla nave più di 300 uomini a letto, tra cui sei gesuiti, che "ardevano sia per la malattia dei vermi sia per le febbri maligne." Così la navigazione procedeva tra piogge diluviali e fortissimi tifoni, mentre i padri gesuiti recitavano il rosario e le novene. Recatosi sull'altra nave, la Capitana, per salutare il viceré a nome di tutti i padri, Martino Martini fu da lui trattenuto perché insegnasse la matematica al figlio e istruisse il nocchiero sulla rotta dopo aver fatto il punto.

Cambiata nave, procedemmo agitati da vari tifoni con folgori e tuoni, ma con grande nostro vantaggio. Ogni giorno, nel pomeriggio, per circa due ore prendemmo un altro tifone, l'Artopeliote [o Greco, un vento di nordest] così forte che ci spezzò l'antenna più alta. Quell'antenna era rotonda e lunga 140 palmi [circa 40 metri] e alla massima circonferenza 10 [circa 3 metri]. Nello stesso giorno la sostituimmo con un'altra, ma più piccola, in quanto ne formammo una grande con due piccole. A questo scopo infatti i naviganti portano con sé alberi adatti, legati ai fianchi della nave, per usarli nei casi di necessità. In capo a otto giorni terminammo di allestire la nuova antenna e la collocammo al suo posto.

In mezzo a tutto ciò, Martino non smise certo né i suoi rilievi nautici, poiché ogni giorno faceva il punto sulla carta di navigazione, né le sue pratiche edificanti nei confronti dei passeggeri: atti pubblici di autoflagellazione, confessioni,

e tutti i giorni, al tramonto del sole, narravamo la vita del santo del giorno seguente, aggiungendo qualche insegnamento morale confacente al caso nostro.

Tutto ciò suscitava interesse, commozione ed entusiasmo di fede, cosa tanto più notevole in quanto sulla nave vi erano più di 300 galeotti, che venivano mandati in India per scontare i crimini compiuti in Portogallo. Ma oltre le pratiche devozionali, si svolgevano anche recite, tornei, esercitazioni militari, danze e giochi, e, naturalmente, il pesante lavoro quotidiano per il governo della nave.

Anche sulla Capitana, che fino a quel momento era stata risparmiata, cominciarono a diffondersi le malattie, e ciò moltiplicò l'impegno dei pochi padri gesuiti (cinque in tutto, compreso Martini) e del parroco della nave, un frate francescano, che amministrava l'estrema unzione. I gesuiti avevano per così dire il monopolio delle confessioni:

Per le confessioni eravamo chiamati sempre noi. A stento c'era chi si confessasse da un altro (anzi, ciò che è il colmo, i padri domenicani si confessavano da me). Invero fu tanto il nostro lavoro che ci ammalammo tutti e due insieme. Per quella malattia il mio compagno rese l'anima a Dio.

Il compagno di cui parla Martini è Francesco Deodato, di cui racconterà in seguito la commovente fine.

Martino Martini ci tiene a sottolineare la considerazione in cui il viceré teneva i padri gesuiti:

Non si può credere quanto stimasse noi della Compagnia di Gesù. Infatti, ogni volta che l'ammiraglio parlava con la nostra nave, il viceré voleva essere informato come stavano i nostri padri sulla nave Ammiraglia, e si raccomandava alle loro preghiere insieme con il figlio. Lo stesso faceva con noi l'ammiraglio. Ed è tanto più da meravigliarsi, in quanto non mancavano padri di altri Ordini Religiosi; di essi però non chiedeva mai informazioni.

Il viaggio prosegue, nel volgere dei giorni, tra spirare di venti prosperi, bonacce, e periodi di calore mortifero. Parecchi muoiono e sono gettati in mare. Prosegue il racconto di padre Martini:

Il 20 di giugno, al parallelo 31° e 26', furono differite le feste più solenni che ricorrevano in questo tempo, in quanto, superato il Capo di Buona Speranza, avremmo trovato un mare più tranquillo.

Il giorno 24, poiché il mare era più burrascoso del solito, su richiesta del viceré, gettai la croce d'argento con le reliquie dei nostri Santi, legata a una fune, nelle onde gigantesche. Dio soddisfece la fede del buon principe. Infatti la tempesta che si temeva e il vento settentrionale, che ci era quasi contrario, si mutarono in Favonio favorevolissimo al nostro viaggio: noi infatti dirigevamo la prora verso oriente, cercando il Capo di Buona Speranza per mezzo del suo parallelo.

Il giorno 28 ci colse la bonaccia per circa otto giorni, per cui cominciarono ad aggravarsi le malattie peggio del solito, tanto che oltre trecento bruciavano per le grandi febbri. Ma il viceré soccorreva tutti con carità veramente grande, ammirevole e difficilmente imitabile da un altro. Ogni giorno dalle proprie dispense e dalla cucina mandava a tutti le cose necessarie, secondo la prescrizione del medico. Infatti trasportava con sé molte leccornie, di cui il Portogallo abbonda. Consumò circa duemila galline: esaurì non solo la farmacia regia, ma anche la sua personale. Che dirò? Per colazione dava a ciascuno una mela arancia (per quel luogo cosa preziosissima) con lo zucchero; ai convalescenti somministrava il cibo con le sue mani. Confesso di averlo visto alcune volte in lacrime, quando vedeva qualcuno più macilento del solito. Spesso vidi che, quando gli si offrivano le vivande ben preparate (accoglieva infatti il nostro superiore e me alla sua mensa), di esse faceva delle parti e mandava nominatamente queste a quei malati e queste a quelli. Infatti, so di certo che dei suoi propri beni erogò ai malati più di cinquemila ducati. Aggiungo questo:

perché la sua spaziosa stanza (da cui si apre la vista sul mare in tutte le direzioni) servisse per i malati, la lasciò e la riservò a loro, dopo aver cercato sulla nave un piccolo posto, sia pur comodo, per sé e suo figlio. Questo è detto per quanto riguarda l'ammirevole carità del viceré. Ma la bonaccia, di cui dissi sopra, ci affliggeva più del solito; per cui il 5 luglio fu raccolta l'elemosina per San Saturnino, poiché i naviganti hanno fiducia in questo santo nel chiedere il vento.

Il giorno 7, di mattina, esponemmo l'immagine di San Francesco Saverio, in quelle fattezze in cui apparve al padre Francesco Mastrilli di Napoli, e davanti a essa tutti celebrammo la messa, chiedendo il vento; e di notte facemmo la processione sulla nave, portando quella immagine e facendo grandi acclamazioni, con le quali la gente che ci accompagnava chiedeva a San Francesco il vento.

E Saverio non deluse gli acclamanti. Infatti, verso mezzanotte, avemmo un vento favorevole, senza alcuna tempesta, la quale del resto in questa zona è normale (tanto che il Capo di Buona Speranza una volta era chiamato dai portoghesi Capo delle Tempeste).

Quel vento non ci abbandonò, in quanto il giorno 14 luglio, di buon mattino, vedemmo erroneamente il Capo, e poco dopo il capo das Agulhas [che si trova sulla costa meridionale del Sudafrica, a un centinaio di chilometri dal Capo di Buona Speranza]. Era esattamente l'ottavo giorno che imploravamo l'aiuto di San Francesco Saverio, e io stavo celebrando la messa votiva in suo nome, ciò che si doveva fare ogni giorno da qualcuno di noi, su richiesta del viceré.

Per questi benefici, il viceré concepì una tale disposizione d'animo verso il Santo, che promise, una volta giunto a Goa, di presiederne la Congregazione e di dare un'elemosina di rendite che in futuro si faranno a Goa in suo onore.

In questa regione ci afflisse di nuovo l'afa, fino al 21 luglio, per cui molti morivano, tanto che quasi ogni giorno se ne gettavano in mare tre o quattro. Per venire incontro alle esigenze di tutti ci stancammo tanto che il padre Francesco Deodato ed io ci ammalammo. E credo che questo successe per l'aria pestifera che respiravamo. Mi sentii affliggere da una certa tristezza peggiore del solito e avvertii un dolore al capo. Poco dopo sentii la febbre, ma non volli chiamare il medico. Per quanto infatti siano dotati di grande scienza, in questi viaggi i medici non hanno pratica. Perciò mi fu chiamato un marinaio, un pratico espertissimo, il quale, in quel giorno stesso, mi incise una vena e un'altra il mattino seguente. Mi prescrisse il digiuno e un certo medicamento esterno... e dopo sei giorni guarii perfettamente.

Certo Martini fu aiutato dalla sua robustissima fibra! Invece il suo compagno, per poter continuare ad aiutare gli infermi, tenne nascosto il suo male, che andò aggravandosi, dimostrando

che è verissimo il detto *opponiti agli inizi* [...] e così il male crebbe in modo tale che in seguito non giovò più alcuna cura, e così il 2 agosto, verso le tre dopo mezzanotte, rese l'anima al Creatore.

Martino tesse un elogio del padre Francesco Deodato, cui arrise una fine conforme alla sua vita edificante:

Teneva appese al collo molte reliquie di santi, di quelli cioè che venerava in modo particolare. Mi ordinò di levarle; e chiese che, se era la volontà di Dio, lo lasciassero morire. Negli ultimi due giorni che passò in agonia era preso da grandissima gioia quando mi sentiva recitare alcune preghiere giaculatorie che eccitano l'anima a desiderare il Regno dei Cieli e a vedere la visione beatifica; preghiere che gli leggevo da un libretto dove erano raccolte per tale occasione. Infine santissimamente morì. Fu gettato in mare verso le dieci di quello stesso giorno, mentre io leggevo le preghiere delle esequie, coadiuvato da tre padri domenicani (di sette infatti quattro erano già morti) e dal parroco.

Ai nostri orecchi questi accenti tanto colmi di fervore religioso possono sonare eccessivi, ma bisogna tener conto dei tempi, del luogo e del clima di esaltazione missionaria e di altruismo spinto fino al sacrificio di sé: erano uomini mossi da una fede granitica, che si affidavano completamente al volere del Signore con entusiasmo e rassegnazione. Confidavano anche nel loro santo patrono, sant'Ignazio, come si può vedere dal seguito della lettera, che vale la pena riportare fedelmente: si tratta infatti di una singolare mistura di episodi di pietà, di feste liturgiche, di ringraziamenti per gli scampati pericoli, di notazioni sul viaggio e sulla meteorologia. A tratti Martini indugia in una cronaca fin troppo minuziosa, fin troppo attenta a ciò che accade intorno a lui. E a proposito di sant'Ignazio:

Dopo aver superato il Capo di Buona Speranza procedemmo lentamente. Era tale la bonaccia che ci opprimeva che, proprio in quel luogo dove di solito infuriano i venti, noi avevamo modo di pescare sul fondo del mare. Ma il nostro patrono Sant'Ignazio non ci abbandonò. Infatti, mentre stavamo preparando alcune cose per celebrare la sua festa (31 luglio) ci prese alle spalle un vento che ci sospinse fino a Goa. I naviganti lo chiamano Vento Generale, che soffia in quella zona proprio in quei due mesi.

Passammo il giorno di Sant'Ignazio con l'animo disposto in maniera filiale, benché io solo godessi buona salute. Però un padre dell'Ordine Domenicano, l'unico rimasto, tenne l'omelia e benedisse il Signore. Tutta la nave rese grazie per il vento ottenuto: furono sventolate le sue bandiere; ornate le sue fiancate tutt'intorno di tappeti; sparati i cannoni.

Il viceré ordinò inoltre alle altre navi di fare la stessa cosa per tutta l'ottava e di ringraziare Sant'Ignazio per il vento ottenuto. Così anche fecero i nobili, i quali con il figlio del viceré svolsero un'esercitazione militare più bella del solito, con grande applauso di tutti.

Il giorno 11 agosto giungemmo al Tropico (del Capricorno), dove usufruimmo di un buon vento.

Il 12 agosto, di buon mattino, vedemmo gli scogli dell'India e precisamente in quel tempo in cui il nostro timoniere diceva che si doveva vedere l'isola di San Lorenzo [il Madagascar]. E fu così ostinato nella sua opinione, che quasi ci portava tutti alla morte. Infatti il giorno 11, verso notte, il timoniere della nave Ammiraglia raccomandò al viceré di non navigare di notte, perché si era vicini agli scogli, e perciò diceva che si dovevano ammainare le vele fino al mattino. Ma il nostro timoniere [della Capitana] disse che non l'avrebbe fatto.

Perciò, poiché tutti gli obbedivano eseguendo i suoi comandi, si andava incontro alla morte.

Quando, al tramonto del sole, io, per mia curiosità, osservai il difetto magnetico, in quel modo che si suole, per longitudine est o ovest, trovai 11 gradi. Perciò andai dal viceré e lo avvertii che, in base al punto sulla carta di navigazione, io mi trovavo più a oriente degli scogli, ma il difetto magnetico segnava il contrario, o poteva essere che noi eravamo stati spinti per traverso dalla forza di acque occulte. Perciò era bene, di notte, stare fermi, almeno per alcune ore, perché con tale prudenza non c'era nulla da perdere.

Ma poiché nemmeno il viceré può dire o comandare qualche cosa al timoniere, tanto sono stimati i timonieri presso i portoghesi, andammo avanti.

Quand'ecco, verso le ore 12 di notte, il viceré chiama nella sua stanza il timoniere e lo prega, per amor suo, di ammainare le vele per almeno due o tre ore. Quello accontentò il richiedente e ammainò le vele per una sola ora. Poi riprese il suo viaggio.

Quand'eccoti: di buon mattino, all'inizio dell'aurora, un marinaio grida che da prora vede un'ombra. Accorrono i curiosi, e gridano: Terra! Poco dopo scoprono gli scogli, dai quali distavamo appena mezzo miglio italiano e contro i quali, se non ci fossimo fermati quell'ora di notte, saremmo andati tutti a perire.

L'Ammiraglia ci seguiva a due leghe di distanza, temendo per sé. Rendemmo pubblicamente grazie a Dio per quel beneficio, col quale ci aveva salvati da un evidente pericolo. Sono infatti scogli di tutti i tipi, sui quali non si può nemmeno posare il piede, tanto sono aguzzi; e corrono per le direzioni dei venti Notofeliòte [Scirocco, vento da sudest] e Artozèfiro [vento da nordovest, considerato favorevole come il Favonio], a mo' di alberi piantati a due a due, sporgenti dal mare. All'inizio sta una piccola isola, quasi triangolare, avente un perimetro di circa due leghe, per quanto potei notare, la quale è a latitudine di 22° e 15'. Quindi seguono circa 30 ordini di scogli, fino a latitudine di 21° e 51'.

Lasciati così gli scogli, superammo la terra di Natal [in Sudafrica], nella quale spesso cadono fulmini sulle navi, ma non ci colse nulla di male.

Il giorno 15 agosto, a latitudine di 18° e 22', celebrammo l'Assunzione della Regina degli Angeli con una solennità maggiore che nelle altre feste. Il 18, levata l'ancora, proseguimmo più a sud di quegli scogli. Qui, poiché non ci venne incontro alcun messaggero, passammo la notte fermi.

Il 19 settembre, quando ormai il viceré era sul punto di mandare a terra una barca armata onde portare a bordo qualcuno per sapere qualcosa di certo sulla situazione locale,

volarono verso di noi due navicelle con grande nostra gioia. Parlo così perché veramente sembravano volare. E per questo anche dagli abitanti del luogo sono chiamate "passere." È un genere di nave lunga e stretta, così che la massima larghezza non raggiunge gli 8 palmi [due metri e mezzo], e procede con le vele e 22 remi; è fatta in modo che non ha poppa, ma, secondo la volontà del conduttore, serve da poppa e da timone ora l'una ora l'altra estremità. Infatti, poiché si gira con difficoltà, quando vuol fuggire dal nemico, estrae il chiodo [del timone] da una parte e lo inserisce nell'altra parte, e così corre velocissima.

Da una di queste navicelle, su cui viaggiavano 24 canarini [abitanti della tregione di Kanara, a sud di Goa] e un portoghese, informati della situazione delle cose, entrammo nel porto il giorno 19, verso le 10 di notte, e gettammo le ancore con tanta gioia, che io non potei trattenere le lacrime.

Il giorno dopo, accolti con tutti gli onori dai padri della Compagnia, i gesuiti furono accompagnati a Goa,

essendo il porto distante tre leghe da Goa. Sul larghissimo fiume si apre l'amenissimo ingresso, quanto di più bello può fare la natura con le sue risorse. Infatti il litorale è adorno di colli sorgenti di qua e di là e di verdeggianti palmeti, che costituiscono una amenissima visione da ogni parte.
Come si giunse al Collegio, fummo accolti e fatti entrare da tutti i nostri, con candele accese, davanti alla chiesa. Al momento dell'ingresso il reverendissimo patriarca, vestito di solenni paramenti, ci benedisse e davanti all'altare del Santissimo Sacramento fummo tutti aspersi di fiori e di acque

profumate, mentre veniva cantato "Benedetto colui che viene nel nome del Signore", rendendo grazie per tutti i benefici concessi durante il viaggio.

Dopo queste cose ci accolse una cena coi fiocchi, terminata la quale ci lavammo tutti da capo a piedi e ci cambiammo le vesti. Per la notte, nel cortile del Collegio ci sono stanzette, nelle quali noi si doveva dormire. Per mezz'ora e più fummo allietati da una bellissima musica.

Il giorno dopo, al mattino, ci recammo alla Casa Professa e vedemmo le sacre ossa di San Francesco Saverio nostro antesignano. Buon Dio! Di quali sentimenti e di quali affetti mi sentii invaso, al vedermi incolume davanti all'Apostolo dell'Oriente! Lo esprimo meglio col silenzio che con le parole.

In quella stessa casa pranzammo; ciò che il giorno seguente facemmo nella casa del Noviziato.

Che dire? Con noi si usava tanta carità, in quanto il giorno 13 ottobre avemmo in programma di visitare le parrocchie salsetane [Salsette è una regione a sudovest di Goa]. Davvero non si può credere con quale amore e umanità fummo trattati.

E che dirò delle rappresentazioni e delle musiche salsetane nelle quali i fanciulli di ciascuna parrocchia vengono istruiti con tanta diligenza dai discepoli, che davvero non sono da meno di quelli d'Europa. Tra le altre rappresentazioni, ci furono molti tornei, sia di lance che di spade e di altre armi, che gli italiani chiamano "moresche". Ma soprattutto mi piacque quello nel quale nove fanciulli canarini (chiamano canarini gli abitanti di quelle isole) costruirono il modellino della nave che ci aveva trasportato. Ciascuno portava una parte di esso e, procedendo in ordine, con giri e rigiri, marciavano intorno a passo cadenzato, intercalando bellissime canzoncine della spedizione giapponese. A me, che a Roma e in Germania avevo visto molte rappresentazioni simili, destavano veramente ammirazione. E non terminarono di danzare finché non ebbero completata la nave giustapponendo le parti.

Credo che ciò in Europa è incredibile, ma dichiaro davanti a Dio che dico il vero.

In un'altra parrocchia, che chiamano Margaom, con la medesima arte fu composto un orologio, tale che batteva anche le ore, e alle ore intramezzavano canzoncine adatte al caso.

Buon Dio! Quante volte io versai lacrime di gioia, al vedere tante persone e tanto ben disposte verso la Fede Cattolica! Ormai non si distinguono più dai cattolici europei e pensare che i loro avi, anzi i loro padri, erano idolatri! Nella sola isola Salsetana ci sono già 24 parrocchie, in ciascuna delle quali c'è uno dei nostri. In esse vivono già 70.000 cattolici. Ogni chiesa celebra i divini uffici accompagnati da musica d'organo e altri strumenti, con grande plauso di tutti. Le chiese sono nitidissime e ben costruite. Ci sono ginnasi per i fanciulli, dove imparano le arti liberali. È gente molto propensa a queste cose e desiderano moltissimo imparare. I più bravi vengono mandati a Goa per studiare Filosofia e Teologia, ma tra di essi non ne troveresti uno proveniente dalle classi più nobili. Chiamano bramini quelli che non conoscono la musica e l'arte di danzare o che non sanno suonare qualche strumento e alla perfezione [perché non considerano tali arti degne del loro rango].

A questo punto, il tono della lettera cambia e il padre Martini, per "accontentare i curiosi" descrive le meraviglie del mare viste durante il viaggio:

Tralascio la grandezza e la moltitudine dei pesci; tralascio i grandi cetacei; narrerò invece quelle cose che credo siano ancora sconosciute agli europei.

Dapprima voglio parlare degli uccelli marini, che credo non siano minori né meno numerosi di quelli terrestri. Infatti girano per tutto l'oceano e anche là dove la terra dista più di 100 leghe da ogni parte. Questi uccelli sono tutti di genere e specie diversi da quelli terrestri. Hanno però delle meravigliose caratteristiche.

I primi, dei quali costatai le meravigliose proprietà, li vidi in Guinea, presso la linea equatoriale, in mezzo al mare, là dove eravamo alla massima distanza dalla terra. Li chiamano Rabbi Forcados, per la coda forcuta che hanno. Sono press'a poco della grandezza delle aquile. Volano altissimi in cielo, tanto che si vedono appena. Girano intorno e, quando vedono un pesce sulla superficie del mare, in un batter d'occhio si precipitano, afferrano il pesce con gli artigli e lo divorano per aria.

I marinai dicono che questi uccelli dormono per aria. Infatti, al tramonto del sole, salgono tanto che non si vedono più, a quella quota che per natura sanno essere sufficiente per dormire normalmente. Lassù dormono sulle loro ali distese. E similmente, col peso del corpo, scendono assopiti, per svegliarsi di nuovo sul mare. Io, verso notte, li vidi salire, finché scomparvero alla mia vista. Quanto al resto non sono testimone, ma stento a capire dove mai dormano, poiché questi uccelli distano molto dalla terra, né si posano sul mare in modo da galleggiare, come fanno gli altri uccelli marini che hanno i piedi larghi, come le oche, quali ho visto in quasi tutti gli uccelli marini.

Altro uccello meraviglioso è quello che chiamano Manga de Velu [manica di velluto]. Ha la grandezza di un'oca, tutto bianco, ma ha le penne estreme delle ali, cioè le più lunghe, nerissime, tanto che hanno una somiglianza col Panno di Damasco e perciò lo chiamano "mangas de velu".

Dio pose questi uccelli, per coloro che vanno in India, come segno çerto che hanno già superato il Capo di Buona Speranza. Infatti, in tutto l'oceano, non si vedono se non al meridiano del Capo Agulhas, dove la profondità del mare, a circa 60 leghe (dalla costa) è di appena 40 braccia, che i portoghesi chiamano Bracos. Essi dimorano lì. Però dormono sulla terra e non vanno al mare se non dopo che è già sorto il sole e là pescano in modo meraviglioso. Infatti, quando vedono un pesce, si precipitano dal cielo con impeto e, nascosti sotto il mare, inseguono i pesci, li prendono e li mangiano.

Ho detto che questi uccelli sono il segno che è stato superato il capo di Agulhas. Infatti spesso succede che non si veda, sia per le tempeste, sia perché una buona navigazione per coloro che vanno in India deve essere fatta al parallelo 36°, da dove non si può vedere il capo di Agulhas. Ma per i naviganti è sufficiente se vedono questi uccelli, e davvero non si sbagliano. Infatti noi, 15 leghe a oriente di quel Capo abbiamo passati molti giorni fermi per mancanza di vento, e tuttavia non ne abbiamo visto nemmeno uno, benché vedessimo una moltitudine quasi infinita di uccelli a quel meridiano, dal quale distano appena 6 leghe, nel mare però avanzano fino a 60 leghe, fin dove cioè si estende il fondo di cui dissi.

A circa 100 leghe davanti al Capo di Buona Speranza vedemmo tutto il mare coperto di certi piccoli uccelli, che sono molto simili ai nostri passeri. Questi circondavano la nave da ogni parte, tanto da sembrare che godano e si rallegrino quando vedono le navi. Tra essi si vedono spesso volatili molto grandi, che chiamano Entanais. Ne prendemmo uno. Dall'estremità di un'ala distesa all'estremità dell'altra pure distesa misurava 20 dei miei palmi, che sono assai lunghi [circa 4 metri]. Essi sono di vari colori: alcuni sono bianchi, altri neri, altri hanno solo le ali tutte nere, il corpo bianco.

Vedemmo un altro uccello, piccolo, ma solo una volta, ed è meglio non vederlo mai. Infatti non compare se non quando è imminente la tempesta. E quando i nostri marinai lo videro, si prepararono subito a subire la tempesta; la quale però non fu tale da recarci gran disagio. Infatti ci fu vento più forte del solito e onde più grandi per sole tre ore. Questi uccelli saltellano sempre sul mare, così che sembrano toccare il mare coi piedi, per cui sono chiamati Calcamari, poi risalgono. Per grandezza e colore sono molto simili alle rondini e hanno bianco solo l'inizio della coda. E questo, riguardo agli uccelli, basti.

Vedemmo anche pesci meravigliosi. Tra essi, quel pesce che si dice che vola. E veramente vola. Ha infatti ali da pipistrello, però bianche; di corpo non è più grande di un'acciuga. Ma è un genere di pesce infelice. Infatti non è sicuro né in aria, perché gli uccelli sono più veloci di lui, né in mare, perché, quando cade, c'è già un pesce con la bocca aperta che lo piglia. Prima infatti lo inseguono per costringerlo a prendere il volo, ed essendo più veloci di lui, lo aspettano là dove deve cadere (vola quasi sempre in linea retta e a non maggiore distanza che un tiro di sasso); quindi, poiché le ali si asciugano, è costretto a bagnarle.

Questo pesce è la causa per cui i marinai prendono molti altri pesci, tra i quali c'è un genere simile ai tonni e della stessa grandezza. Questo pesce infatti insegue audacissimo i pesci volanti; perciò i marinai attaccano all'amo un finto pesce volante di panno bianco, lo legano all'estremità dell'amo con un nastrino, in modo che l'amo, mosso dal vento, volteggia, cade in mare e si rialza. Per cui quei tonni credono di avere davanti la preda di un pesce volante e diventano essi preda dei marinai. E spesso ne prendono molti. Una volta, in un solo giorno, ne presero venti.

Con la stessa tecnica prendono anche altri pesci che inseguono i volanti; e ne prendono di più quando la nave è spinta da buon vento, perché il finto pesce sembra proprio volare.

A questo punto la grafia del manoscritto cambia, e cambia anche il tono: da quello agiografico usato per descrivere le vicende del viaggio e da quello oggettivo e distaccato, quasi scientifico, usato per riportare le meraviglie della fauna marina con la precisione di un naturalista, Martini passa a un tono esortativo. Cerca infatti di persuadere il padre Generale e tramite lui i compagni europei che "il viaggio non è poi tanto difficile (quanto si può pensare). Né sul mare c'è tanta paura della morte (quanto si può pensare)". Queste rassicurazioni sono piuttosto in contrasto con le pagine precedenti, in cui ha narrato tanti episodi di pericoli, malattie, decessi e sciagure. Bisogna comunque confidare in Dio, che provvede alla salute dei suoi, i quali

infatti, senza medicine, senza cibo adatto né bevanda, senza alcuna comodità di letto o di stanza. Che dirò? Senza alimenti adatti a conservare la vita anche a un sano, dopo malattie pestilentissime, si alzano e vivono.

Sulla nave ai padri gesuiti non era mancato nulla:

Noi sulla nave abbiamo un posto migliore e più comodo che tutti gli altri. Che dirò? A noi non mancò mai nulla di quanto desiderammo; e, ciò che è il massimo, bevemmo acqua, che è sempre preziosa, limpidissima. Infatti si è trovato il modo di conservarla purissima anche per vent'anni.
Perciò non c'è nulla da temere.

La lettera da Goa, datata come si è detto 8 novembre 1640, si conclude con un'esortazione agli europei perché rinuncino "con grande disprezzo alle loro delizie" e s'imbarchino come missionari per l'Oriente, anzi "volino qui".

3.4 Da Goa a Macao
(19 dicembre 1641 - 4 agosto 1642)

Se a volte ci lamentiamo della lentezza e dei disagi dei viaggi odierni, possiamo consolarci pensando a ciò che accadeva nel Seicento. Infatti Martini si fermò più di un anno a Goa, dal settembre 1640 al dicembre 1641, sia perché mancavano le navi con cui proseguire il viaggio verso Macao, porta della Cina, sia perché, per motivi che lo stesso Martini ignorava, il viceré dell'India frapponeva ogni ostacolo alla sua partenza. Finalmente, come racconta in una lettera spedita da Macao al padre Kircher il 1° novembre 1642, dopo qualche mese dal suo arrivo,

in un modo veramente meraviglioso, raggiunsi la sospirata meta. Infatti da Goa andai a Surate, emporio del Gran Mogol [sovrano appartenente alla più grande dinastia imperiale durante la dominazione islamica dell'India]. Di lì, con un'altra nave inglese, raggiunsi il porto occidentale di Sumatra. Quindi, con la medesima, superai le bocche dello stretto della Sonda e approdai a Bantam, porto di Giava Maggiore, nel quale gli inglesi esercitano i loro commerci.

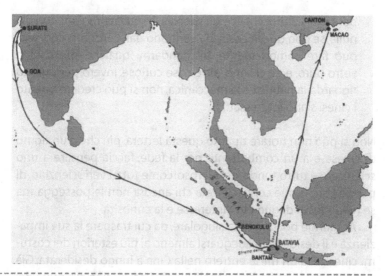

Viaggio da Goa a Macao (19 dicembre 1641 – 4 agosto 1642). Vedi Opera Omnia, vol. I, lettera VII, pp. 155-165

Ma nemmeno lì potei rimanere per un semestre intero e fui costretto a rifugiarmi presso i nemici. Raggiunsi così quella celebre fortezza degli olandesi, detta una volta Giacarta e che ora chiamano Nuova Batavia. Lì, trattato per quanto possibile umanamente da tutti, fui lasciato libero per Macao. Partito da Goa il 19 dicembre 1641, arrivai a Macao il 4 agosto 1642.

La lettera prosegue con un preciso resoconto delle osservazioni compiute durante il viaggio

sull'inclinazione dell'ago d'acciaio. Aggiungo la latitudine e la longitudine dei luoghi come la osservavo nella mia mappa idrografica. La latitudine la riscontravo con certezza assoluta mediante l'astrolabio, la longitudine invece la riscontravo dalla variazione dei rombi delle latitudini con il calcolo trigonometrico.

E prosegue su questo tono, con dovizia di dati e particolari tecnici che dimostrano ancora una volta la sua competenza in fatto di matematica, astronomia e arte della navigazione. Poi informa Kircher che

per fare i cannocchiali e gli specchi, in queste regioni non c'è nulla, se non quelle cose che vengono dall'Europa. Prego, se si può fare comodamente, di mandarmi qualche specchio o vetro puro, e, se ci sono, altre cose curiose. Invero per quanto riguarda la nautica e la meccanica, non si può credere quanto i cinesi siano interessati.

Non si può non notare quanto questa lettera, più che a un uomo di chiesa e a un combattente per la fede, faccia pensare a uno scienziato a tutto tondo, desideroso, come tutti i veri scienziati, di partecipare le sue conoscenze a chi ancora non le possegga ma se ne dimostri degno per l'interesse e la curiosità.

Aggiunge poi una nota singolare, da cui traspare la sua impazienza e il desiderio di adeguarsi almeno ai più esteriori dei costumi cinesi. "Fra un mese entrerò nella Cina a lungo desiderata. Già mi faccio crescere barba e capelli lunghi." Infatti, sino alla metà del Novecento, era costume dei missionari farsi crescere la barba, che agli occhi dei cinesi aumentava il loro prestigio. Per quanto riguarda i capelli, durante la dinastia Ming (che regnò dal 1368 al 1644, e vedremo quanto doveva essere significativa e rischiosa questa data per il padre Martini, che si trovò nel pieno della guerra che portò alla scomparsa dei Ming) gli uomini li portavano lunghi, raccolti in un ciuffo, mentre sotto la successiva dinastia mancese o tartara (dinastia Ching, o Qing, 1644-1911) la sommità del capo veniva rasata e i capelli della nuca, lasciati crescere liberamente, erano raccolti nel tradizionale codino.

La conclusione della lettera è tuttavia quella di un missionario:

> Vostra Reverenza raccomandi seriamente a Dio la mia spedizione e con le sue preghiere mi ottenga quello che è necessario per la salvezza mia e dei cinesi.
> Ringrazio Dio, perché finora mi ha conservato incolume. Perciò dedico di nuovo a Lui tutte le mie forze e la mia vita e pretendo solo questo; che in me si adempia perfettamente la sua divina volontà, dalla quale spero di non allontanarmi, nemmeno portato di peso, specialmente se sono aiutato dalle preghiere degli amici e dai Santi sacrifici (della Messa).

E l'ultima frase è toccante, per l'affettuoso ricordo dei padri di Roma e per la nostalgia dei compagni:

> A nome mio saluti mille volte il nostro reverendo Padre Assistente e i nostri amici e conoscenti. Non scrivo ad altri, perché non so dove siano. La Curia Romana è infatti come Proteo.

Si sente tuttavia che la mente di Martino è tutta protesa verso la sua meta imminente, l'agognata Cina.

3.5 Da Macao alla Cina

Sul viaggio da Macao alla Cina mancano notizie precise. In una lettera del 1644 Martini scrive di essersi imbarcato a Macao, senza specificare il giorno e il mese, sotto false spoglie, "vestito come un soldato". Era accompagnato dal vice padre provinciale, Giulio Aleni, e dal padre Simao da Cunha, che tornavano in sede. Come

Primo viaggio per raggiungere la residenza di Hangzhou (1643). Vedi Opera Omnia, vol. I, appendice I, pag. 535

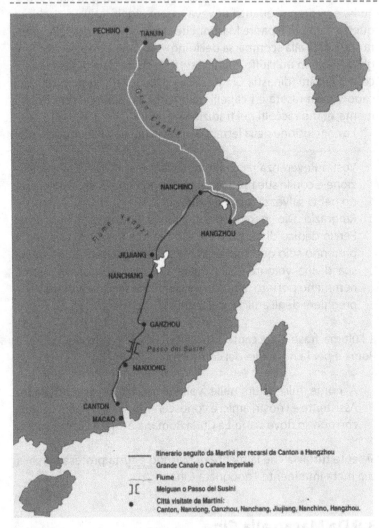

Itinerario seguito da Martini per recarsi da Canton a Hangzhou
Grande Canale o Canale Imperiale
Fiume
Meiguan o Passo dei Susini
Città visitate da Martini:
Canton, Nanxiong, Ganzhou, Nanchang, Jiujiang, Nanchino, Hangzhou.

abbiamo accennato, erano momenti molto difficili per la Cina, su cui avanzava da nord l'esercito mancese. La secolare dinastia Ming, risalente al XIV secolo, sta per essere rovesciata. Il padre Martini, che non ha ancora trent'anni, che non conosce i luoghi e le usanze ed è ancora incapace di esprimersi in cinese, trova nei due gesuiti più anziani un validissimo appoggio.

Da alcuni documenti della Compagnia di Gesù e dalla cronologia degli imperatori cinesi si può dedurre con buona precisione
che Martini arrivò in Cina per la prima volta nel febbraio o nel
marzo del 1643. La sua meta era Hangzhou, centro importante e
già allora capitale della lavorazione della seta. Questa città, defini-
ta "eccezionale, la cui rinomanza ha superato i confini della Cina",
era stata elogiata anche da Marco Polo, che aveva annotato: "al
mondo non vi è altra città che vi offra simili delizie, tanto che si
potrebbe credere di essere in paradiso".
Martini raggiunse Hangzhou abbastanza rapidamente per via di
terra. Il viaggio per mare, che sarebbe stato più agevole, era insi-
curo per le frequenti tempeste e per la presenza dei pirati. Per via
di terra significava soprattutto per acque interne, fiumi, laghi e
canali. L'ultimo tratto, da Nanchino ad Hangzhou, si svolse lungo
il Grande Canale, che congiungeva Pechino con Hangzhou.

Le varie località toccate, da Canton a Nanxiong, dal passo dei
Susini (Meiling) a Nanchang, da JiuJiang a Nanchino (Nanjing),
da Jinjiang, dove ci si immetteva nel Grande Canale, a
Hangzhou, furono tutte descritte più tardi da Martini nel suo

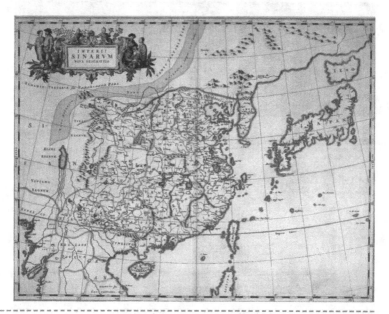

Martino Martini, Novus Atlas Sinensis. Carta della Cina

Novus Atlas Sinensis, di cui parleremo in seguito, senza tuttavia specificare sempre se e quando le avesse visitate.

A questo punto, inserito nell'ambiente cinese, prende alcune decisioni: s'impegna nello studio sistematico della lingua, che aveva iniziato a Macao in un ambiente certo meno colto; decide di adottare il cognome cinese Wei, il nome certo assai significativo Kuangguo, che vuol dire "salvatore del paese", e il nome di cortesia Jitai, che rimanda anch'esso al significato di "aiutare, assistere, soccorrere" e che allo stesso tempo ricorda nella pronuncia il nome Xitai o "dell'estremo Occidente", adottato a suo tempo da Matteo Ricci.

Durante i primi mesi del suo soggiorno a Hangzhou, Martini compie diversi viaggi, visitando località delle regioni del Jiangnan e del Zhejiang.

Nel febbraio 1644 si reca, insieme col francescano Francisco Ferreira di Macao, a Changshu, e nel marzo riceve l'ordine dal padre Giulio Aleni, vice provinciale, di andare a Nanchino per

Martino Martini, *Novus Atlas Sinensis. Provincia del Zhejiang*

sostituire il padre Francesco Sambiasi che doveva recarsi a Macao per sollecitare aiuti a favore dei Ming.

Come abbiamo accennato, era quello un momento cruciale per la Cina: la parte settentrionale dell'Impero e la stessa Pechino erano state invase dai tartari o mancesi. Martini apprese la notizia mentre era a Nanchino, nel maggio 1644. Nel luglio fu richiamato ad Hangzhou dal padre Aleni. I mancesi entrarono in questa città nell'agosto 1645, ma a quanto pare Martini si era messo al sicuro, riparando a 120 chilometri di distanza verso sud, da dove seguì le sorti ormai segnate dei Ming. Per lui era rischioso restare in Hangzhou: infatti, come vedremo nel prossimo capitolo, Martini si era compromesso con i Ming, aiutando l'imperatore Longwu contro i mancesi, tanto da essere nominato Mandarino di prima classe per meriti di guerra. Su questa nomina, comunque, non è stata fatta finora luce completa, come preciseremo meglio nel prossimo capitolo. Non è molto chiaro neppure dove si trovasse esattamente padre Martini nel momento dell'invasione mancese di Hangzhou. In ogni caso, dalla seconda metà del 1645 egli era di nuovo in città, dove rimase fino al 1650: ebbe così modo di conoscere gli alti gradi dell'esercito invasore, con cui entrò in rapporti amichevoli e che lo persuasero dell'inutilità della resistenza che i Ming opponevano ai mancesi nelle provincie meridionali dell'impero.

Testimone anche oculare di molti dei fatti legati al sanguinoso passaggio dalla dinastia Ming alla dinastia Qing, Martini descrisse gli eventi nell'opera *De Bello Tartarico Historia*, pubblicata ad Anversa nel 1654, la cui lettura rivelò le drammatiche vicende che si svolgevano all'altro capo del mondo e destò grande meraviglia in Europa. Anche gli studiosi cinesi considerano quest'opera fondamentale per la conoscenza degli eventi di quel tempo.

3.6 La fine dei Ming e l'avvento dei Qing

Come abbiamo visto, il re di Spagna Filippo II aveva proibito ai francescani e ai domenicani di occuparsi dell'evangelizzazione della Cina, e il papa Gregorio XIII aveva concesso questo privilegio ai soli gesuiti. Verso il 1620 il decreto di Filippo II fu abolito, così anche gli ordini mendicanti, francescani e domenicani, presero la via della Cina. Tra i primi domenicani a giungere in Cina si deve menzionare padre Giovanni Battista Morales, che partì dalle Filippine nel 1633 con il francescano padre Antonio Caballero: entrambi provenivano dall'Università di Salamanca, erano molto competenti in teologia e parlavano già il cinese. L'accoglienza che ricevettero dai gesuiti non fu affatto cordiale, tanto che in seguito il Caballero scrisse:

I Padri della Compagnia di Gesù [in particolare il vice-provinciale dei gesuiti, padre Manuel Diaz] non volevano che i Padri Domenicani e Francescani si sistemassero in altri luoghi al di fuori della città di Fo-ngan nel Fukien [sulla costa, dov'erano sbarcati].

I padri gesuiti vedevano compromesso il loro monopolio dalla presenza dei frati e la loro era una reazione fin troppo umana. Ad aggravare la tensione si aggiunsero le gravi divergenze nell'interpretazione e applicazione del metodo pastorale. I francescani e i domenicani non condividevano affatto la posizione dei gesuiti sulle questioni cerimoniali e rituali nei confronti degli antenati e di Confucio e adottarono un comportamento rigido, che minacciava di compromettere i risultati fin lì raggiunti. Nasceva così la "questione dei riti cinesi", cui abbiamo più volte accennato e che affronteremo nel prossimo capitolo.

L'intenzione di Martini era quella di restare in Cina per il resto della sua vita, e non aveva certo previsto che gli sarebbe toccato di fare un altro viaggio, lungo e rischioso, di andata e ritorno dall'Europa, e proprio per difendere presso la Santa Sede la causa dei gesuiti nella questione dei riti cinesi. Già prima di partire da Macao per recarsi ad Hangzhou, aveva dunque cercato di familiarizzarsi il più possibile con la lingua e con i costumi cinesi, in particolare aveva studiato le opere del suo predecessore, Matteo Ricci, pubblicate in Europa nel 1615, in questo seguendo il consiglio del padre visitatore Alessandro Valignano, che abbiamo menzionato. Valignano era stato il grande tessitore e aveva dissodato il terreno per la penetrazione in Cina dei gesuiti, per quanto lui stesso non fosse mai riuscito a entrare in quel paese.

Valignano consigliava di imparare la lingua dei letterati, il *mandarino* e la lingua della Cina meridionale, il *cantonese*. Come abbiamo visto, Martini adottò il nome cinese Wei Kuangguo e volle impadronirsi di tutti i risvolti della controversia sui riti cinesi onde poter sostenere e difendere il metodo inaugurato da Matteo Ricci per introdurre la fede cristiana nella cultura millenaria della Cina.

Ma ben altre preoccupazioni dovevano presto opprimere il suo spirito: al tempo del suo arrivo in Cina, le popolazioni mancesi che da tempo premevano ai confini settentrionali avevano ormai invaso l'Impero e marciavano su Pechino, occupata da un generale ribelle e usurpatore. Possiamo immaginare lo stato d'animo di Martino Martini: egli procedeva lentamente verso Hangzhou mentre intorno a lui divampava una guerra sanguinosa, in parte combattuta tra i Cinesi e i tartari (o mancesi), in parte tra opposte fazioni cinesi. Coinvolto in queste gravi vicende belliche, per ben cinque anni Martini dovette spostarsi di continuo per scampare ai pericoli più imminenti, all'orrore di una guerra civile condotta dai vari capitani di ventura e allo sfacelo della dinastia Ming.

Nell'opera *De Bello Tartarico Historia*, Martini ci fornisce non solo una cronaca minuziosa della guerra, ma ci informa anche sulla storia dei mancesi. A più riprese questa popolazione mongola del nord aveva tentato l'invasione delle fertili vallate della Cina, l'ultima volta nel 1618, quando era giunto sotto le mura di Pechino un esercito di cinquantamila uomini. Ma l'imperatore si era premunito e, per consiglio di due mandarini convertiti al cristianesimo dai gesuiti, aveva acquistato dai portoghesi molti cannoni, con i quali era riuscito a respingere l'attacco. In seguito a ciò, l'imperatore emise un editto a favore della Compagnia di Gesù e riammise in Cina i missionari che egli stesso aveva ricacciato a Macao.

Ma i continui assalti dei mancesi avevano sfibrato i Ming. Alle difficoltà esterne si aggiunse un fronte interno: due generali cinesi ribelli, Li Zicheng e Zhang Xianzhon tradirono l'imperatore e si divisero il paese. Nel 1641 Li Zicheng, che si era impadronito delle regioni settentrionali, affrontò l'esercito imperiale e cominciò la sua marcia verso Pechino. La sua azione vittoriosa e fulminea impressionò il popolo, che lo credette un favorito del Cielo. La guarnigione della capitale si arrese e Li Zicheng vi pose l'assedio. Pechino non si sarebbe piegata, ma un eunuco traditore aprì le porte all'esercito ribelle e Li Zicheng, che si era nel frattempo proclamato re con il titolo di Principe Fortunato, s'impadronì della città.

L'imperatore legittimo Chongzheng cercò di fuggire, ma gli fu impedito. I suoi fedelissimi e la regina si uccisero, lo stesso imperatore si tolse la vita dopo aver ucciso la figlia per evitarne la cattura e lo stupro. Il generale Li Zicheng entrò in città con 300.000 uomini, che si abbandonarono alla violenza e al saccheggio con inaudita crudeltà. Era l'aprile del 1644. La caduta di Pechino ridestò lo spirito patriottico dei cinesi, che sotto la guida del generale Wu-Sangui decisero di allearsi con il re mancese Shunzhi per riprendere la capitale. Il 7 giugno 1644 Shunzhi entrava in Pechino, accolto come un liberatore e dava inizio alla dinastia mancese dei Qing, destinata a durare fino al 1911.

Nel meridione le cose andarono in modo diverso. Il traditore Zhang Xianzhong tentò senza riuscirci di impadronirsi della vecchia capitale Nanchino, poi si rifugiò sulle montagne e con le sue continue incursioni nelle provincie vicine agevolò la conquista mancese della Cina. In quei frangenti padre Martini mise le sue doti di scienziato al servizio dei Ming per contrastare sia l'avanzata dei mancesi sia l'usurpatore Zhang Xianzhong.

Martino Martini, Novus Atlas Sinensis. Provincia di Nanchino

Nel descrivere i fatti di quel periodo nel *De Bello Tartarico*, Martini non accenna per niente a questa sua attività tecnico-militare, che si esplicò soprattutto nella fusione dei cannoni: è comprensibile che non volesse urtare i nuovi signori dell'impero elencando le proprie benemerenze nei confronti della dinastia precedente.

A onor del vero si deve dire che verso i cinesi i mancesi si comportarono in modo prudente e generoso: riconfermarono nel loro ufficio i magistrati, i governatori e i mandarini che non si erano opposti apertamente al cambio di regime. Imposero tuttavia alla popolazione qualche mutamento nei costumi, per esempio la rasatura dei capelli e il codino. Scrive Martini a questo proposito:

Incontrarono riluttanza in questo da parte dei cinesi, i quali si afflissero più per la perdita dei loro capelli che per la caduta dell'impero, e avrebbero combattuto di più per quel vano ornamento del capo che per la difesa delle loro provincie.

Tuttavia, in complesso, la popolazione cinese accettò di buon grado il nuovo regime, anche perché i Ming si erano distinti per le vessazioni, i pesanti tributi, i salari miseri. Tutto ciò aveva creato un clima di insofferenza che era quanto mai adatto al cambiamento: perciò i mancesi furono accolti come liberatori e la conquista della Cina procedette spedita nonostante alcune resistenze, anche perché, astutamente, i nuovi dominatori avevano introdotto truppe cinesi nel loro esercito, mescolandole in modo uniforme e fomentando un nuovo nazionalismo, grazie al quale non fu difficile raggiungere e conquistare le provincie meridionali.

3.7 Il rientro in Europa

Ma è ora di occuparci più da vicino dell'opera svolta da padre Martini in Cina, e dei motivi per cui, contro ogni sua previsione, egli rientrò in Europa e vi rimase per alcuni anni. Il suo soggiorno in Occidente fu determinante per la conoscenza che gli europei cominciarono ad avere della Cina. Martini si era fatto la fama di grande erudito e scienziato, in ciò aiutato dalla corrispondenza che aveva tenuto con i padri gesuiti europei e in particolare con Athanasius Kircher. Preceduto da questa fama, quando giunse in

Europa, nel settembre 1653, e da Bergen, in Norvegia, dov'era sbarcato, cominciò a scendere verso sud, ricevette numerosi inviti da
dotti e scienziati che volevano conoscerlo e intrattenersi con lui.
In novembre è ad Amsterdam, da dove si dirige ad Anversa.
Durante questo viaggio, nel gennaio 1654, a Leida incontra Jacob
Gohl (latinizzato in Golius, 1596-1667), insigne orientalista e
matematico, autore di un dizionario arabo-latino che rimase insu-
perato per due secoli e di varie traduzioni dall'arabo di opere let-
terarie, astronomiche e storiche. Gohl, che a quel tempo era professore di arabo all'università di Leida, e Martini ebbero un incontro brevissimo, durato giusto il tempo necessario al gesuita per
cambiare l'imbarcazione che l'avrebbe trasportato ad Anversa
lungo i canali olandesi e poi belgi. Per quanto breve, tuttavia, l'incontro è sufficiente perché Gohl riceva una profonda impressione dalla dottrina di Martino Martini. Annota l'arabista:

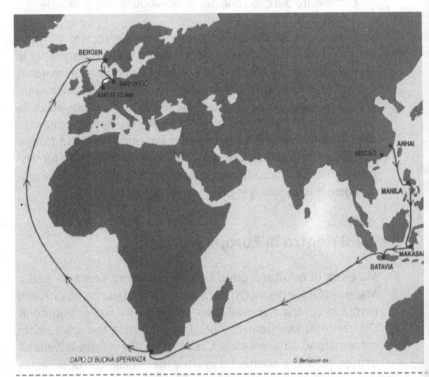

Viaggio di ritorno dalla Cina all'Europa (gennaio?/marzo? 1651 – 31 agosto 1653).
Vedi Opera Omnia, vol. I, appendice I p. 534

All'inizio dell'estate scorsa, quando si diffuse la notizia che con le nostre navi era giunto dalle Indie Orientali ed era sbarcato qui un uomo di vasta cultura, che, durante la sua lunga permanenza in Cina aveva acquisito delle competenze straordinarie, da nessun altro possedute, fui preso da un gran desiderio di vederlo e di parlargli. Mi accolse con grande cortesia e dalle poche cose che ci dicemmo e dalle sue risposte, mi resi conto facilmente delle doti insigni di quell'uomo, la cui fama non era per nulla usurpata né esagerata.

A Gohl Martini donò una storia della grammatica cinese, una vera primizia mondiale, che purtroppo non fu mai pubblicata, anche se si diffuse tra gli studiosi dell'Europa settentrionale. Con Gohl s'incontrerà ancora sei mesi dopo, ad Anversa, dove il dotto olandese l'aveva raggiunto grazie a un permesso ottenuto dall'università di Leida.

In quel periodo Martini viaggiò in lungo e in largo per Belgio e Olanda, visitando ripetutamente Lovanio, Amsterdam, Bruxelles, Anversa. Il suo scopo principale era quello di prendere accordi con i grandi editori fiamminghi per farsi pubblicare le opere sulla Cina e, in secondo luogo, di tenere conferenze su quel lontano paese. Memorabile fu una conferenza tenuta al Collegio dei gesuiti di Lovanio nel febbraio 1654, in cui illustrò il suo viaggio e la missione cinese servendosi di una sorta di lanterna magica, confermandosi un precursore anche nel campo della comunicazione. Ma il vero scopo del suo viaggio in Europa era un altro: quello di portare all'attenzione della Congregazione di Propaganda Fide il punto di vista dei gesuiti sulla spinosa questione dei riti cinesi. Di questo ci occuperemo nel prossimo capitolo.

Capitolo Quarto
Dalla Cina all'Europa
e ritorno

4.1 La figura di Martini

Martino Martini, uomo dalle molte risorse, dalle molteplici iniziative e dai vasti interessi, era capace di concentrarsi nello studio sia delle scienze, in cui era molto versato, sia delle discipline umanistiche, in particolare delle lingue, della storia e della geografia, e di questi interessi lasciò tracce insigni nelle opere che pubblicò e che, letteralmente, rivelarono all'Europa il volto della Cina. Ma era anche uomo d'azione, come dimostrò in più occasioni durante i lunghi viaggi di trasferimento da un continente all'altro, riuscendo in alcune circostanze a salvare la vita propria e dei compagni di navigazione prendendo il comando delle operazioni. Uomo dal carattere forte, non si lasciava sgomentare dalle avversità e anche nelle circostanze più difficili conservava la lucidità che gli permetteva di uscirne indenne, come avvenne nel corso della guerra tra i Ming e i mancesi. Seppe poi sfruttare la grande fama acquisita a vantaggio proprio e della Compagnia di Gesù, raccogliendo fondi e suscitando vocazioni. Infine, abbracciando e perfezionando l'impostazione pastorale di Matteo Ricci, pur senza mai transigere sull'ortodossia della fede, accettò di buon grado che i cinesi continuassero a praticare i riti in onore di Confucio e dei defunti, dato che questa pratica di tolleranza giovava alla causa della Chiesa e accresceva il numero delle conversioni.

È naturale che un uomo di tale statura e di tali capacità destasse, insieme con l'ammirazione e la stima, invidie e risentimenti, specie tra i rivali dei gesuiti nell'attività missionaria in Cina, vale a dire gli ordini mendicanti: francescani e domenicani. Come si palesò soprattutto nella questione dei riti cinesi, i frati consideravano prepotenza l'autorità di Martini, arroganza il suo spirito d'iniziativa, opportunismo la sua abilità diplomatica, lassismo la sua tolleranza, avidità il suo prodigarsi per la raccolta di fondi, superbo autocompiacimento le conferenze e la pubblicazione delle opere. Insomma tutte le doti e tutte le azioni di Martini venivano rovesciate dai suoi detrattori nel loro opposto. Anche se, vista la contraddittorietà delle testimonianze, non si può decidere a tanta distanza di tempo quale fosse il reale profilo del padre Martini, si può ritenere che la verità stesse, come spesso accade, nel mezzo: che in lui vi fosse un eccesso di forza, di decisionismo e di autorità è innegabile, ma pure innegabile appare che questi tratti fossero sempre usati per il bene della Chiesa e a vantaggio dell'evangelizzazione. Esaminiamo ora alcune delle iniziative nelle quali Martini s'impegnò in modo più o meno diretto.

4.2 Il calendario cinese

Per la Cina, grande paese agricolo, il calendario aveva un'importanza capitale. Il Calendario Imperiale, così detto perché era visto e approvato dall'imperatore, veniva pubblicato all'inizio di ogni anno dal Direttorato dell'Astronomia, detto anche Tribunale delle Matematiche, che aveva inoltre il compito di effettuare osservazioni astronomiche e previsioni meteorologiche e di fornire spiegazioni dei fenomeni naturali. Era diretto da due ufficiali, uno di nazionalità cinese, l'altro mancese. A partire dal 1644 il posto del primo fu occupato dal gesuita tedesco padre Adam Schall e dal 1669 in poi fu sempre riservato a un occidentale grazie alla fiducia che i cinesi riponevano negli scienziati europei.

Apriamo una breve parentesi per tratteggiare la figura di Johann Adam Schall von Bell (1592-1666), matematico, astronomo e storico nato a Colonia, in Germania, da nobile famiglia. Dopo avere studiato nel ginnasio dei gesuiti della sua città, si recò a Roma e divenne padre della Compagnia di Gesù nel 1611. Nel 1618 partì per la Cina, dove giunse l'anno dopo. Oltre che a una fervente attività missionaria, si dedicò alla divulgazione delle nozioni matematiche presso i cinesi, divenendo consigliere dell'imperatore che lo nominò mandarino e concesse a lui e agli altri padri gesuiti di costruire chiese e di predicare in tutto l'impero. Chiamato a Pechino nel 1630 per collaborare alla riforma del

Adam Schall von Bell S.J. (1592-1666), matematico, astronomo e storico. Chiamato a Pechino per collaborare alla riforma del calendario fu nominato capo del Direttorato dell'Astronomia. Da J.B. Du Halde, Description géographique, chronologique, politique, et physique de l'Empire de la Chine et de la Tartarie chinoise ... t. 111, La Haye, 1736, p. 87

calendario, divenne condirettore del Tribunale delle Matematiche nel 1644. La sua fama e la stima a lui tributata crebbero fino al 1664, quando fu colpito dalla persecuzione seguita alla morte dell'imperatore. Imprigionato e condannato a morte, fu graziato e poi riabilitato, ma due anni dopo morì.

Nel 1758 fu reso pubblico un documento, respinto da quasi tutti i gesuiti e gli storici cattolici, secondo il quale Adam Schall aveva trascorso gli ultimi anni

separato dagli altri missionari e sciolto dall'obbligo di obbedienza verso i superiori nella casa che gli aveva donato l'imperatore con una donna che trattava come moglie e che gli diede due figli.

Nel documento, forse dettato dall'invidia che sempre circonda le grandi personalità, non si forniscono prove a sostegno di queste affermazioni, che peraltro sono contraddette anche da testimoni del tempo e da atti ufficiali cinesi. L'edizione del 1912 dell'*Enciclopedia Cattolica* avanza l'ipotesi che si tratti della versione distorta dell'adozione, da parte di Schall, del figlio di una donna che era stata sua domestica.

In una relazione, probabilmente del 1649, Martino Martini ci parla dell'importantissima parte avuta dal padre Schall nella correzione del calendario cinese:

> Durante l'impero della famiglia reale ultima passata [la dinastia Ming, che regnò dal 1368 al 1644 e alla quale succedette la dinastia mancese dei Qing, rimasti sul trono fino al 1911] che fu estinta dai mancesi vittoriosi e ora regnanti, ordinarono ed emendarono il calendario, per un periodo di duecento anni, i maomettani. Poiché questi maestri non conoscevano il movimento degli equinozi e delle stelle fisse, quando entrarono nel Regno Cinese i padri della Compagnia di Gesù, i calendari di quei maestri erravano già di molto nella posizione del sole e della luna e delle costellazioni rispetto alle posizioni del nostro ciclo solare. Inoltre ignoravano la distinzione tra il centro del sole e il centro dell'universo; e qua e là incorrevano in molti altri errori astronomici, per cui le eclissi non corrispondevano mai alle loro predizioni.

A questo punto i padri gesuiti avvertirono i mandarini cristiani di questi errori e fornirono loro le date esatte di alcune eclissi. Ciò destò un'enorme impressione e contribuì al prestigio della scienza europea. L'imperatore, prosegue Martini, udite queste cose,

> diede ordine ai nostri padri di rilevare tutti gli errori astronomici della regola cinese, allo scopo di correggerli. Nella rilevazione e correzione di quegli errori impegnarono la loro opera per molti anni i padri Ricci, Pantoja, de Ursis, Terenz, Rho e Schall. Al tempo dell'ultimo re cinese [cioè dell'ultimo Ming, 1644] i nostri padri avevano già portato a termine la correzione del calendario e in questa occasione avevano scritto più di cento libri su tutte le scienze matematiche e li avevano dati alle stampe con grande approvazione dei cinesi.

È importante sottolineare ancora una volta che il successo della missione in Cina e dell'evangelizzazione dei cinesi fu dovuto in gran parte al lavoro scientifico, matematico e astronomico, svolto dai gesuiti soprattutto, ma non solo, in vista della correzione del calendario. I cinesi erano animati da un amore per l'astronomia che confinava con il fanatismo, tanto da considerare amici e degni di protezione i regni tributari che adottavano il calendario cinese e all'opposto nemici e ribelli i regni che lo rifiutavano.

Già Matteo Ricci, che aveva tradotto in cinese il Calendario Gregoriano, era stato invitato a correggere quello cinese, ma, consapevole della sua preparazione insufficiente, egli aveva fatto ricorso all'aiuto di Roma. Nel 1605 e nel 1609 aveva richiesto ai superiori l'invio di specialisti competenti che potessero aiutarlo, ma soltanto nel 1618, otto anni dopo la sua morte, arrivarono in Cina gli scienziati: Giacomo Rho, di Milano, il boemo Wenceslao Kirwitzer, di formazione copernicana, lo svizzero Giovanni Schreck, l'austriaco Giovanni Alberich e appunto il tedesco Adam Schall von Bell. Schreck, che era amico di Galileo, si rivolse a lui per ricevere aiuto, ma non ne ebbe risposta, forse perché il fisico pisano era già alle prese con gli avversari delle sue teorie e aveva il suo bel daffare a difendersi dalle accuse di eresia (è vero che il processo ufficiale contro Galileo si svolse nel 1633, ma fu preceduto da lunghe controversie e polemiche). Schreck scrisse allora a Keplero, che nel 1627 gli rispose ampiamente e gli inviò anche le sue opere. Schreck e Schall furono chiamati a Pechino nel 1630, ma il primo morì proprio quell'anno e a fianco di Schall fu chiamato l'italiano Giacomo Rho. Con l'aiuto di dodici letterati cinesi, i due gesuiti posero mano alla riforma e il 28 febbraio 1636 presentarono all'imperatore Chongzheng il primo esemplare del calendario corretto.

L'imperatore si dimostrò molto riconoscente: i gesuiti sarebbero rimasti addetti al Dicastero dei Riti, comprendente l'Astronomia, e un editto imperiale di "approvazione della Celeste Dottrina" riconosceva ufficialmente per la prima volta la religione cristiana. Si avverava così il sogno pastorale del padre visitatore Alessandro Valignano, morto nel 1606. Valignano, che pure non era mai riuscito a mettere piede in Cina, aveva gettato le basi per la grande espansione dell'evangelizzazione del Celeste Impero: infatti, inviandovi un uomo della statura di Matteo Ricci, aveva aperto la strada a un drappello di scienziati, molti dei quali allievi e amici di Galileo, che avrebbero operato le conversioni. Fu questo il periodo aureo della presenza dei gesuiti in Cina, contraddistinta da numerose conversioni. Fu persino consentita la costruzione di una cappella all'interno della cittadella imperiale, di cui Schall divenne cappellano. Ma quest'epoca felice doveva presto oscurarsi: nel 1631 i domenicani e i francescani riprendevano la via della Cina dopo l'abolizione dell'editto di Filippo II che aveva riservato ai soli gesuiti il privilegio di portarvi la dottrina cristiana. Non passò molto tempo che i rapporti tra gli ordini mendicanti e i gesuiti si guastarono, sfociando nella spinosa *questione dei riti cinesi*.

Tornando al calendario, in Cina esso rappresentava una guida indispensabile per la gente comune, ma anche per i governanti, che su di esso basavano la scansione di molte attività, specie quelle cerimoniali, collegate con le ricorrenze stagionali, con le scadenze dei lavori dei campi e con il presentarsi dei fenomeni celesti: equinozi, eclissi, passaggi di comete. Oltre al valore pratico che rivestivano le previsioni, la loro esattezza confermava il *Mandato Celeste*, cioè il favore di cui godeva la dinastia imperiale. Per la popolazione comune, il calendario indicava anche i giorni fausti e i giorni infausti per le varie attività e decisioni importanti, come edificare una casa, sposarsi, intraprendere un viaggio. In questo senso il calendario era un distillato di saggezza popolare, ma anche di credenze superstiziose ben radicate nella tradizione cinese.

Il calendario cinese conteneva dunque indicazioni sulle "scelte": nel tal giorno e nella tal ora conviene fare questo e non fare quello. Su alcune scelte non c'era nulla da eccepire, per esempio quelle relative ai lavori dei campi o ai viaggi per mare, ma altre avevano il carattere di superstizioni. Martini ne elenca alcune:

- Voltarsi verso una tale parte della terra
- Preparare il letto
- Seppellire i morti
- Invitare parenti e amici
- Offrire sacrifici
- Assumere servi in servizio
- Mettersi a studiare
- Aprire un negozio
- Scambiarsi oggetti

- Preparare i pestelli per cose da pestare
- Cambiare i discepoli
- Fabbricare
- Spazzare la casa
- Condurre le greggi ai pascoli
- Scavare pozzi
- Erigere colonne e architravi
- Mettersi il berretto e la cintura
- Inaugurare dignità e magistrature
- Chiedere la restituzione di un prestito
- Radere il capo
- Tagliare e cucire le vesti
- Scavare fondamenta
- Demolire case
- Condurre in prigione
- Riparare le vie
- Stirare i panni
- Seminare, arare, piantare
- Dipingere il corpo con l'ago medico
- Zappare o vangare
- Fare un viaggio
- Curare le malattie
- Prendere o dare moglie
- Lavarsi

E molte altre cose. Martini poi argomenta che

la determinazione dei giorni e delle ore per fare le "scelte" ritenendo alcuni giorni fausti e altri infausti per alcune azioni, può essere fatta in tre modi. Le scelte cioè vengono stabilite: primo, perché si ritiene che con tale giorno e tale ora abbiano una relazione che non hanno con un'altra ora, e perciò dev'essere fatta in tale giorno e tale ora perché riesca bene; secondo, perché in tale giorno e tale ora avviene un'ottima combinazione e concorso di lettere; terzo, perché infine in tale giorno e tale ora l'aspetto e l'influsso delle stelle è propizio. Qualunque di questi tre modi venga deciso, a me sembra che comprenda un implicito patto col demonio e appartenga perciò a quella parte della superstizione che va sotto il nome di magia.

Martini quindi è ben consapevole del carattere non razionale, addirittura magico e diabolico, di alcune "scelte", in ciò seguendo i principi della Chiesa, peraltro riaffermati più volte anche in tempi recenti.

Tornando al nostro tema principale, per allestire un calendario che, a parte la questione dei giorni fausti e infausti, presenti una vera utilità pratica, cioè consenta previsioni esatte dei fenomeni celesti e di quelli legati al volgere delle stagioni, occorrono buone nozioni di matematica, di astronomia e di meccanica celeste. Come abbiamo detto, gli astronomi al servizio dei cinesi (quasi tutti maomettani) non erano abbastanza competenti, sicché i loro calendari non fornivano sempre previsioni esatte. Gli errori si erano andati accumulando nel tempo e una riforma del calendario era ormai necessaria e urgente. I due gesuiti chiamati a ricoprire questo incarico, Giacomo Rho (1592-1638) e Adam Schall, cominciarono col presentare ai cinesi le loro conoscenze matematiche e astronomiche attraverso una serie di opere. Poi, quando nel 1644 i Ming furono spodestati dai mancesi, a Schall toccò l'incarico onorifico di presiedere il Direttorato dell'Astronomia.

Si trattava indubbiamente di un grande riconoscimento di quanto i gesuiti avevano fatto per la Cina fin dal loro primo ingresso nel 1583, ma allo stesso tempo l'incarico metteva il padre Schall in una posizione delicata e un po' imbarazzante: accettando di riformare quella parte del calendario dedicata alla previsione dei fenomeni celesti, finiva con l'accettare e sottoscrivere implicitamente anche la parte diciamo così superstiziosa, legata alle scelte e ai giorni fausti e infausti. Non era certo lui a compilare questa sezione, che rimaneva affidata agli astronomi (o astrologi) locali, ma non poteva comunque sperare di andare esente da critiche, che gli vennero puntualmente mosse dai rappresentanti degli altri ordini religiosi, come i domenicani e i francescani, e persino da alcuni gesuiti.

Queste critiche (che furono rivolte anche a Martino Martini per altri motivi) erano dovute in parte alla miopia di coloro che non vedevano i vantaggi che potevano derivare all'opera di evangelizzazione grazie alla posizione di prestigio raggiunta da Schall e in parte all'invidia che suscitava in molti il successo del gesuita tedesco, che era entrato nelle grazie dell'imperatore, ricevendone l'incarico di presiedere il Direttorato dell'Astronomia, e addirittura la nomina a mandarino.

Lo Schall, peraltro, con il suo carattere altezzoso e scostante non era certo fatto per attirarsi le simpatie, come dovette costare lo stesso Martini, il quale, per ordine del padre provinciale Manuel Diaz, si recò a Pechino nel 1650 per collaborare con lui. Schall lo allontanò subito, e sgarbatamente, dalla città. Il gesto fu commentato dai maligni come segno di superbia e come volontà di non avere accanto a sé un uomo brillante e competente che potesse fargli ombra. Secondo un'altra interpretazione, Martini si era compromesso con il passato regime dei Ming, che gli avevano tributato riconoscimenti e onori, nominandolo perfino mandarino di prima classe, e Schall temeva che la sua presenza nella capitale, dove ormai da qualche anno regnava la nuova dinastia Qing, potesse nuocere alla causa della Chiesa. Martini ricevette quindi l'ordine di tornare ad Hangzhou, ma durante il breve soggiorno a Pechino era riuscito a visitare la Grande Muraglia, di cui fornisce una descrizione breve ma precisa nella prefazione del suo Atlante.

Ricordiamo questo episodio, perché la presa del potere da parte dei Qing non fu un evento pacifico, né per la Cina nel suo complesso né, in particolare, per Martino Martini, e quindi esisteva in effetti il rischio che la sua presenza a Pechino potesse turbare un equilibrio che Schall era riuscito a instaurare. Probabilmente, sensibile com'era, Martini capì le ragioni che avevano spinto Schall ad allontanarlo e non provò alcun risentimento nei suoi confronti, come dimostrano alcuni documenti da lui stilati a difesa di Schall per la questione delle "scelte".

Quando la dinastia Ming fu rovesciata e a Pechino si insediarono i mancesi, questi ebbero notizia della grande fama dei matematici europei. Lungi dal manifestare risentimento e dall'operare ritorsioni contro gli scienziati che avevano lavorato alla corte dei Ming, i Qing li confermarono nei loro incarichi o anche li promossero. Per esempio, subito nominarono lo Schall presidente di tutti i tribunali matematici e gli ordinarono di applicare la regola europea nelle cose astronomiche. Pur con molte esitazioni, il padre Schall, per non danneggiare la causa cattolica, accettò. Per prima cosa tentò di eliminare dal calendario tutto ciò che sapesse di superstizione, proponendo al nuovo imperatore un calendario all'europea, privo delle scelte relative ai giorni fausti e infausti e altri simili residui della tradizione. Ma l'imperatore decise che lo

Schall si dovesse occupare solo della parte astronomica, lasciando le scelte agli astronomi maomettani. Perciò, quando il calendario comparve, esso conteneva anche le parti astrologiche e ciò fu motivo di critica verso lo Schall, che tuttavia ebbe buon gioco nel dimostrare che con quelle parti lui non aveva nulla a che fare. E padre Martini, come abbiamo detto, lo difese da quelle critiche.

4.3 Tornano gli ordini mendicanti

Quando gli ordini mendicanti furono autorizzati a tornare in Cina, non posero tempo in mezzo. Già nel 1633 il domenicano Giovanni Battista Morales e il francescano Antonio Caballero, che provenivano dall'Università spagnola di Salamanca, possedevano una vasta cultura teologica e conoscevano la lingua cinese, giunsero a Fu'an, dove furono accolti benevolmente dal vice-provinciale dei padri gesuiti, Manuel Diaz. Ma quando Caballero chiese di poter aprire una nuova missione nel Jiangxi e volle recarsi sul posto, i gesuiti si opposero in tutti i modi, ricorrendo a pretesti meschini e trattandolo in modo umiliante. La reazione dei gesuiti si può se non giustificare almeno comprendere: essi vedevano minacciata l'autonomia di giurisdizione della missione cinese, senza che da Roma venissero indicazioni precise sulla posizione relativa dei vari ordini.

La situazione si aggravò quando ai contrasti sulla giurisdizione si aggiunsero i contrasti sull'impostazione della pratica pastorale. Già all'interno della compagnia di Gesù esistevano divergenze relative per esempio all'uso e all'interpretazione dei termini teologici, che non trovavano corrispondenti adeguati nella lingua cinese e dovevano quindi essere tradotti con parole improprie o con perifrasi.

Non si trattava di una questione di poco conto: come esprimere in cinese i termini Dio, anima, spirito? Il problema rivelava tutta la difficoltà dell'operazione di traduzione: la traduzione è un'operazione che traduce una cultura intera in un'altra cultura e non semplicemente un elenco di parole in un elenco di parole. Mancando nella cultura cinese la metafisica teologica in cui si collocavano i concetti di Dio, anima, spirito e via dicendo, era impossibile trapiantare quei concetti senza prima creare quella metafisica. L'urgenza della pratica quotidiana, tuttavia, non consentiva questa operazione di lungo respiro, quindi Ricci decise che i termini *Tianzhu*, Signore del Cielo, oppure *Sahngdi*, Signore Supremo, oppure semplicemente *Tian*, Cielo, potessero rendere con chiarezza sufficiente il concetto di Dio. Ma la polisemia dei termini cinesi rendeva problematica anche questa soluzione: per esempio Tian, cielo, poteva interpretarsi sì in senso spirituale, ma anche in senso materiale, cioè come firmamento. Comunque le proposte terminologiche di Ricci furono accettate dai padri gesuiti nel 1603.

Se già all'interno della Compagnia di Gesù si rilevavano divergenze dottrinali e pratiche, la presenza dei domenicani e dei francescani complicò di molto la situazione: essi non approvavano affatto il punto di vista dei gesuiti sulle questioni cerimoniali e rituali della tradizione cinese e ciò portò alla questione dei riti cinesi.

Per comprendere il contrasto tra i frati e i gesuiti, bisogna sottolineare che i primi missionari gesuiti trovarono in Cina una popolazione con tradizioni civili, religiose e filosofiche antichissime. Di conseguenza la predicazione della dottrina cattolica, con il suo alto contenuto morale e dottrinale, poneva un problema di non facile soluzione. Matteo Ricci comprese subito che se il buddismo e il taoismo non potevano essere accettati nella religione cristiana, si potevano invece accettare gli insegnamenti morali e filosofici del confucianesimo e le pratiche cultuali in onore degli antenati.

Insomma, il problema relativo al culto degli antenati e alle onoranze a Confucio era stato risolto da Ricci e dai suoi successori in modo tollerante: si riteneva che non si trattasse in nessun caso di cerimonie religiose o superstiziose, bensì nel primo caso di naturali manifestazioni di affetto nei confronti dei cari defunti e nel secondo di onoranze tributate a un grande filosofo che aveva fornito ai cinesi sagge regole di condotta da seguire nelle circostanze più varie. Alla mentalità aperta e progressista dei gesuiti si contrappose subito quella rigorosa e tradizionalista degli ordini mendicanti. Era quindi un dissidio tutto interno alla comunità occidentale degli evangelizzatori, ma al contrasto non erano estranei risentimenti e rancori personali tra i diversi rappresentanti delle due tendenze. Lo scontro, poi, aveva come sfondo la lotta a tutto campo tra portoghesi e spagnoli per la supremazia commerciale e politica in Estremo Oriente. Resta il fatto che i gesuiti, pur rassegnandosi alla presenza in Cina dei domenicani e dei francescani, continuavano a considerare la missione nell'impero come riservata soltanto a loro.

Per converso, gli ordini mendicanti cominciarono a tessere la loro trama contro la Compagnia di Gesù: nel 1641 esposero i loro "gravissimi dubbi" sulla prassi gesuitica all'arcivescovo di Manila, il quale tuttavia, dopo aver assunto informazioni più precise, lasciò cadere la denuncia. Nel frattempo il padre Morales aveva rotto gli indugi e si era imbarcato a Macao con destinazione Roma, dove, per incarico dei domenicani e dei francescani avrebbe dovuto trattare la questione davanti alla Sacra Congregazione di Propaganda Fide. La prima notizia del dissidio tra i mendicanti e i gesuiti giunse alla Congregazione all'inizio del 1641. Nel marzo dello stesso anno il cardinale Antonio Santacroce riferì, davanti al papa Urbano VIII, sui quindici *Dubbi* formulati dagli ordini mendicanti, senza tuttavia che si giungesse ad alcuna decisione. Il papa comunque incaricò il Santacroce di trattare la cosa con il Superiore Generale dei gesuiti

sembrandogli impossibile che i suoi religiosi insegnassero cose chiaramente contrarie al diritto divino, ai sacri canoni e alla prassi della Chiesa.

4.4 Il mandarino "Polvere di cannone"

Mentre il padre Morales si recava a Roma, Martini compiva la rotta inversa per raggiungere la Cina: i due s'incontrarono casualmente a Goa ed è plausibile che discutessero il problema dei riti. Quando Martini giunse in Cina, nel 1643, si trovò dunque al centro di una grave controversia religiosa e, soprattutto, nel pieno della guerra di conquista da parte dei mancesi, che di lì a poco avrebbe spazzato via l'ultimo rappresentante della dinastia Ming. Prima di arrivare in Cina, il padre Martini si trattenne un anno intero a Macao, porta d'ingresso del Celeste Impero, probabilmente per familiarizzarsi con la lingua e i costumi cinesi, tanto che, come abbiamo accennato, assunse anche il nome cinesizzato Wei Kuangguo. Entrando in Cina, si trovò a essere testimone della guerra tra i Ming e i Qing, che avrebbe descritto in una delle sue opere più importanti, il *De Bello Tartarico*, giungendo fino agli eventi del 1647. Ma non fu solo testimone della guerra, vi fu anche coinvolto. Infatti, dopo che nel febbraio 1646 l'ultimo imperatore Ming, Longwu, ebbe stabilito la sua capitale a Jiangning, nella regione più interna del Fujian, un alto dignitario di corte invitò insistentemente Martini ad accettare la dignità di mandarino offertagli dall'imperatore, che contava di servirsi delle sue competenze e della sua conoscenza delle cose d'Europa. Pur tra esitazioni e resistenze, Martini dovette accettare la nomina a mandarino e le relative insegne: l'uniforme di seta ricamata corrispondente a quel grado tanto elevato, la portantina, il seguito e così via. Ciò che stava a cuore a Longwu, in realtà, erano le competenze del nostro in campo militare. Martini aveva infatti conoscenze nei campi della balistica, della fusione dei cannoni e della preparazione delle polveri da sparo. L'opera che prestò in questo ambito gli valse il titolo, bizzarro ma appropriato, di *Mandarino polvere di cannone*.

La nomina di Martini a mandarino è oggetto di controversia. Il domenicano Domingo Navarrete e altri suoi confratelli sostennero che il nostro fu in effetti nominato mandarino di prima classe dall'imperatore Longwu per le sue cognizioni astronomiche e militari e soprattutto per l'aiuto che egli aveva fornito all'imperatore nel settore della balistica e delle armi da fuoco, come stava a indicare il suo titolo mandarinale completo, che era appunto *Mandarino polvere di cannone*. Martini, pare, accettò la nomina soprattutto in vista dei vantaggi che ciò avrebbe portato alla causa dei missionari, ma tentò in tutti i modi di dare poco o punto risalto all'onorificenza.

D'altra parte i gesuiti sostengono che il nome del padre Martini non compare nei cataloghi ufficiali dei mandarini cinesi e negano anche che abbia mai portato il titolo di *Mandarino polvere di cannone*. Il silenzio assoluto dei gesuiti e dello stesso Martini a questo proposito si potrebbe spiegare con la convenienza, alla luce degli eventi successivi, di tacere il conferimento di un titolo tanto importante da parte di un rappresentante della dinastia sconfitta. E un altro indizio confermerebbe questa interpretazione dei fatti: il Navarrete riferisce che durante la persecuzione mancese del 1668 i gesuiti raccolsero e nascosero in tutta fretta tutte le copie del *Novus Atlas Sinensis* di padre Martini, che conteneva la descrizione della Cina dei Ming e che poteva quindi risultare sgradita all'imperatore Qing. Era questa una comprensibile misura prudenziale che concorderebbe con il silenzio sull'onorificenza concessa a Martini. L'enigma comunque rimane.

Domingo Navarrete non aveva obiezioni al fatto che i missionari si fregiassero di titoli onorifici cinesi, purché questi fossero stati concessi per meriti umanitari e non certo per benemerenze scientifiche o addirittura militari, come nel caso di Martini (e ancor prima nel caso di padre Adam Schall, l'astronomo di corte, il quale nel 1642 aveva prestato la sua opera nella fusione dei cannoni per combattere i mancesi). E a questo rimprovero il Navarrete, che non nutriva certo grande simpatia per Martino Martini, aggiunse il resoconto di un episodio, non si sa se vero o se inventato per screditare Martini, nel quale lo descrive come uomo orgoglioso e sprezzante, sollecito più di sé che dei confratelli. Ecco quanto scrive Navarrete:

Il padre Martini-Mandarino si credeva così importante e noi frati così meschini che i pagani incominciarono a dubitare che fossimo tutti europei. Per chiarire il dubbio, noi risolvemmo che un frate e il gesuita-Mandarino s'incontrassero in pubblico. Padre Francesco Diaz, un frate francescano e degno missionario, si alzò per tempo e s'incamminò a piedi fino al luogo convenuto, vestito di semplice cotone. Nel luogo convenuto doveva giungere padre Martini in portantina, servito da palafrenieri come un Mandarino. S'incontrarono, ma il Padre Mandarino non lo degnò di uno sguardo, fingendo di non conoscerlo. E continuò il suo cammino, con scandalo di migliaia di persone, pagani e cristiani, che non si aspettavano ciò dal loro padre spirituale. All'osservazione di un cristiano, egli poi rispose: "Perché mai avrei dovuto salutare, scendere dalla portantina mandarinale e ossequiare un uomo vestito in tal foggia?"

Possiamo immaginarci la scena: da una parte Martini, con le insegne dell'onore, vestito di seta e a bordo della portantina, preceduto da fanfare e battitori e accompagnato dai palafrenieri; dall'altra il povero Diaz, stanco, sudato e impolverato per il viaggio a

piedi, che aspettava il gesuita seduto a terra come un mendican-
te. Un altro domenicano, padre Juan Garcia, per mettere in evidenza l'alterigia del Martini, così ne descrive l'incedere:

> Egli avanzava con grande pompa, come un secolare, essendo
> Mandarino di Prima Classe (grado superiore anche a quello di
> Viceré). Vestiva indumenti di seta con sopra ricamato sul petto
> un dragone ed era accompagnato da lancieri, archibugieri con
> bandiere e altre insegne di alto rango.

Bisogna comunque sapere che il codice mandarinale dei Ming,
adottato in seguito anche dai Qing, era molto rigido e doveva essere seguito alla lettera e senza eccezioni: il vestito dei mandarini
doveva essere di seta finissima e ricamata di uccelli davanti e dietro,
con il dragone sul petto e il medaglione al collo. Completavano l'ab-
bigliamento gli stivali, il cappello piumato e un vezzo di 108 perle.

Che Martini fingesse di non conoscere il povero Diaz fu inter-
pretato dagli avversari come segno di superbia, ma forse denota-
va invece la profonda consapevolezza che Martini aveva dei vantaggi che il suo titolo poteva portare alla causa delle missioni. Ciò
dimostra quanto senso pratico albergasse in quest'uomo dotato
di tanti pregi e di tanta sapienza. I gesuiti, e Martini in particolare,
avevano fatto leva sulle loro altissime competenze culturali e
scientifiche, tanto apprezzate dai cinesi, per aprire la strada alla
penetrazione evangelica, ma questa loro saggia intuizione non era
stata compresa dagli ordini mendicanti. Resta il fatto che il carattere e il comportamento del padre Martini erano da una parte
oggetto di ammirazione dall'altra di riprovazione e condanna.

4.5 Martini e i Qing

Nel 1646, poco dopo aver ricevuto il titolo di mandarino, Martini
si recò per incarico dell'imperatore Longwu a Xuigan, una località
dello Zhejiang meridionale. Nel frattempo i mancesi, che avevano
ripreso la loro avanzata verso sud, occuparono Xuigan e il nostro
rischiò di essere ucciso durante il saccheggio della città. Per sal-
varsi ricorse a un espediente, che egli stesso descrive del *De Bello
Tartarico* con queste parole:

Io abitavo in una casa alquanto grande. I mancesi stavano avvicinandosi. Io collocai sopra la porta d'entrata della mia residenza un papiro rosso di grandi dimensioni, con questa scritta: "Qui abita il dottore della Legge Divina venuto dal Grande Occidente". Facevano così anche i grandi prefetti, quando viaggiavano e sostavano in qualche alloggio, per render nota la loro presenza e autorità. Nella saletta di ricevimento esposi alcuni libri europei, fra i quali alcuni legati splendidamente. Vicino ad essi collocai alcuni strumenti scientifici, cannocchiali, specchi e altri oggetti. Costruito poi un altarino vi posi sopra la figura del Redentore. Così non solo non ebbi molestie dalla milizia mancese, ma lo stesso comandante m'invitò a casa sua, mi ascoltò con grande benevolenza, pregandomi solo di cambiare la capigliatura e le vesti nella foggia dei mancesi: vestivo infatti alla cinese. Io consentii e mi feci tagliare i capelli in sua presenza. Avendo poi fatto notare come le vesti cinesi non s'intonavano con la tosatura mancese, egli stesso, toltosi i gambali, me li fece indossare; poi mi mise sul capo il suo berretto mancese, m'invitò alla sua mensa, mi diede lettere credenziali, dandomi il permesso di tornare alla mia residenza, la nobilissima città di Hangzhou.

Bisogna pur dire che non sempre i mancesi furono altrettanto comprensivi e benevoli: si narrano molti episodi sanguinosi che coinvolsero missionari europei. Saccheggi, incendi di chiese, esecuzioni sommarie colpivano un po' a caso. Alcuni dei più decisi persecutori dei missionari rivelavano a volte un'inattesa bontà d'animo, proteggendo alcuni di loro dall'ostilità della popolazione. Nel complesso, il padre Martini vedeva nell'invasione dei mancesi la mano della provvidenza:

> Non pochi ufficiali dell'esercito mancese abbracciarono la fede e fanno sperare maggiori frutti: se potremo, com'è nostra intenzione, un giorno ci spingeremo fino alla Tartaria. Chissà che il Signore non abbia aperto, nella sua bontà, la via della Cina ai mancesi, per spianare la strada poi alla religione cristiana fin nella lontana terra dei mancesi, finora a noi ignota e inaccessibile.

Il breve episodio del nostro come mandarino dei Ming ebbe così termine ed ebbe inizio la sua carriera come sostenitore del nuovo regime, da lui giudicato, a ragione, più solido e duraturo (sarebbe caduto solo nel 1911) e del pari ben disposto verso la religione cristiana. Ciò accadeva nell'agosto del 1646. Di lì a un mese l'ultimo rappresentante dei Ming, l'imperatore Longwu, si uccise.

Nel 1648, Martini è di nuovo nella residenza di Hangzhou. Nel frattempo, durante un breve soggiorno a Lingyan, aveva incontrato uno studioso, Zhu Shi, col quale si era intrattenuto sul tema dell'amicizia, tenuto in gran conto dai cinesi. Zhu Shi gli aveva suggerito di comporre un trattato su questo argomento: Martini aderì alla richiesta, ma il trattato fu pubblicato postumo, nel 1661, lo stesso anno della sua morte. Ad Hangzhou Martini si occupava naturalmente delle conversioni e del buon andamento della casa pastorale, ma attendeva anche, secondo il solito, al lavoro intellettuale. In particolare intraprese, con l'aiuto di un letterato del luogo convertito, la traduzione in cinese delle opere di un gesuita spagnolo, Francisco Suarez, eminente teologo e filosofo, impresa che tuttavia non riuscì a portare a termine.

4.6 Martini torna in Europa

Come si è detto, la questione dei riti cinesi aveva provocato una tensione fortissima e crescente tra i gesuiti e gli ordini mendicanti. Per insistenza di questi ultimi, nel 1645 papa Innocenzo X aveva emesso una bolla che dava ragione ai metodi tradizionalisti e rigorosi dei frati e condannava la pratica progressista e lungimirante dei gesuiti, inaugurata da Matteo Ricci molti anni prima e proseguita dai suoi successori, in particolare da Martino Martini.

A questo punto, passata la bufera della guerra tra Ming e Qing, i gesuiti ritennero necessario presentare alla Congregazione di Propaganda Fide la loro versione della questione dei riti cinesi e a tale scopo inviarono a Roma il padre Martini, che s'imbarcò nel 1651 e giunse in Europa, e precisamente a Bergen, in Norvegia, nel 1653. Il viaggio fu travagliato e pieno di peripezie, tra cui un soggiorno forzato a Batavia, prigioniero degli olandesi, che desideravano carpire al gesuita informazioni utili per l'accesso al mercato cinese.

Raggiunto un accordo amichevole con loro, poté proseguire la navigazione con tutti gli onori a bordo di una nave della

Il gesuita che disegnò la Cina

Ritratto di papa Innocenza X (1644-1655), Giambattista Pamphili,
che il 12 settembre 1645 approvò il decreto ufficiale sui Riti Cinesi emanato
dalla Congregazione di Propnganda Fide. Dipinto di D. Velazques (1599-1660)
conservato nel palazzo Doria Pamphili in Roma

Compagnia Olandese delle Indie Orientali, la quale, due anni
dopo, proprio grazie alle notizie fornite da Martini, poté inviare la
prima ambasceria ufficiale alla corte di Pechino. Durante il lungo
soggiorno in Europa, protrattosi per quasi quattro anni, Martini si
dedicò a tre compiti essenziali, che illustrano la poliedricità e
l'ampiezza dei suoi interessi e il suo spirito d'iniziativa. In ordine
più o meno cronologico possiamo elencare: gli incontri con vari

letterati e scienziati europei e con gli editori olandesi che avrebbero pubblicato i suoi libri; l'intenso proselitismo, esplicato soprattutto a Lovanio e a Vienna, per raccogliere denaro in vista della fondazione di un seminario in Cina e per suscitare nei giovani studenti delle scuole gesuitiche entusiasmo e vocazioni; infine la delicata impresa di illustrare e difendere la posizione dei gesuiti nella questione dei riti cinesi davanti ai padri delle Congregazioni romane di Propaganda Fide e del Sant'Uffizio.

L'attività editoriale e scientifica di Martini fornisce del grande gesuita un ritratto che non coincide con la tradizionale immagine agiografica del missionario e uomo di chiesa: ne emerge il quadro di un sapiente al centro della cultura, umanistica ma soprattutto scientifica, del suo tempo, e, insieme, di un uomo dotato di grande capacità imprenditoriale e versato nelle relazioni pubbliche. Testimone di prima mano degli eventi sanguinosi che avevano accompagnato il passaggio dalla dinastia Ming a quella Qing, viaggiatore infaticabile attraverso molte provincie cinesi, raccoglitore attento e preciso di dati e testimonianze, osservatore accurato dei fenomeni naturali, Martino Martini portava con sé una mole imponente di materiale documentario, storico e geografico, che impressionò i contemporanei per la ricchezza e l'erudizione, e aprì agli europei un vasto e insospettato panorama sul mondo cinese. Illustrando in una serie di conferenze quella vasta parte del mondo quasi sconosciuta e ancora ammantata di leggende, padre Martini contribuì a fare della Cina agli occhi degli occidentali un paese reale.

Del resto tanto la sosta a Manila, prolungatasi dal marzo del 1651 al gennaio del 1652 nell'attesa di una nave con cui proseguire il viaggio, quanto la semiprigionia a Batavia dal maggio 1652 al febbraio 1653, gli avevano consentito di riordinare i documenti che aveva raccolto durante il suo soggiorno in Cina, in vista della pubblicazione delle sue opere: quindi era giunto in Europa ben preparato e con ancora vividi i ricordi della conquista dell'impero da parte dei mancesi. Oltre a tenere conferenze pubbliche, in Europa Martini s'incontrò con vari personaggi illustri che, informati del suo passaggio, lo invitavano a intrattenersi con loro su argomenti letterari, storici e scientifici. Nel capitolo precedente abbiamo accennato alla conferenza da lui tenuta nel Collegio dei gesuiti di Lovanio e ai suoi due incontri con l'arabista e matematico olandese Jacob Gohl.

Nel frattempo egli curava la stesura definitiva delle sue opere, in particolare il *De Bello Tartarico*, subito proposto all'editore Baldassare Moretus di Anversa, che l'avrebbe pubblicato nel 1654. Ad Amsterdam incontrò l'editore Joan Blaeu, che pubblicò un'altra edizione del *De Bello*. Sarebbe impossibile fornire un resoconto completo dell'attività, che potremmo definire addirittura frenetica, svolta da Martini durante gli anni di permanenza in Europa, in peregrinazione continua tra varie città, incontrando uomini illustri, scienziati, sovrani, editori, colleghi e naturalmente, nell'ultima parte del soggiorno, gli esponenti della Curia romana che dovevano dirimere la questione dei riti cinesi.

4.7 Il Nuovo Atlante Cinese

Sotto il profilo culturale e scientifico, il punto culminante della missione europea di Martini fu senz'altro la pubblicazione del *Novus Atlas Sinensis*, avvenuta ad Amsterdam nel secondo semestre del 1655 per i tipi dell'editore Blaeu. Dedicato a Leopoldo Guglielmo, arciduca d'Austria e governatore del Belgio, l'Atlante di Martini fu davvero un'opera capitale che, per dimensioni e importanza, rivaleggia sia con il *De Bello Tartarico* sia con la terza grande fatica di Martini, la *Sinicae Historiae Decas Prima*, pubblicata a Monaco dall'editore Straub qualche anno dopo, nel 1658, quando il missionario si trovava già a Macao in procinto di rientrare in Cina. Per inciso, Joan Blaeu era il titolare della più grande officina cartografica europea, dalla quale erano uscite opere straordinarie, come l'*Atlas Maior* in 12 volumi in folio, di cui l'*Atlas* del Martini entrò a far parte; ma soprattutto Blaeu era il cartografo ufficiale della Compagnia Olandese delle Indie Orientali, il che gli consentiva di accedere al ricchissimo materiale inedito che i funzionari, i capitani e i mercanti della Compagnia riportavano da quei lontani paesi.

L'Atlante di Martini fu davvero eccezionale per vastità, erudizione e ricchezza di particolari, e sopravanzò di gran lunga tutte le precedenti illustrazioni del Celeste Impero, rimanendo ineguagliato per quasi due secoli. Durante il primo periodo di permanenza in Cina (1643-1651), Martini visitò sette provincie, raccogliendo dati sulle popolazioni, i costumi, la geografia, l'agricoltura, le usanze ali-

mentari e via dicendo. Altre notizie, soprattutto sulle provincie che non aveva potuto visitare, desunse da colloqui con i sapienti cinesi e da opere geografiche redatte sotto la dinastia Ming. Per verificare l'esattezza dei dati di longitudine e latitudine ricavati da fonti così disparate, eseguì personalmente un gran numero di osservazioni e di calcoli, valendosi della sua competenza in campo astronomico, topografico e geodetico, competenza che aveva già dimostrato durante il primo viaggio di andata correggendo le indicazioni fornite dal pilota della flotta portoghese. L'editore Blaeu, visto il valore e l'importanza dell'Atlante, gli chiese una prefazione, che Martini scrisse in tutta fretta e che costituisce una preziosa introduzione alla rassegna delle 15 provincie cinesi.

Per ogni provincia, l'*Atlas* fornisce una carta assai particolareggiata e precisa e un sommario delle caratteristiche principali: nome della provincia e nomi antichi, importanza, confini, numero dei distretti, caratteristiche climatiche, numero degli abitanti, loro indole e inclinazioni, tributi pagati e curiosità varie. Per esempio nelle pagine dedicate alla Prima Provincia, quella di Pechino, il nostro parla di certi gatti di lusso "dal pelo lungo e bianchissimo e dagli orecchi piccoli e dritti" prediletti dalle dame che li tengono per compagnia: essi non prendono i topi "forse perché dalle loro padrone ricevono bocconcini troppo scelti".

Oppure, nella trattazione della Seconda Provincia, quella dello Shanxi, Martini ci fornisce una sorprendente descrizione dei pozzi di petrolio:

Martino Martini, Novus Atlas Sinensis. Provincia di Pechino

In questa provincia c'è una cosa incredibile a dirsi: come da noi ci sono pozzi d'acqua, qui ci sono dovunque pozzi di fuoco, su cui si possono facilmente cuocere i cibi con poca spesa.

E aggiunge: "Questo fuoco lascia tracce di unto, non emana una fiamma brillante e vivace e, sebbene il suo calore sia forte, non brucia affatto la legna", cosa che consente di trasportarlo lontano mediante tubi fatti di canne. E, con l'onestà del cronista scrupoloso, commenta che si tratta di una meraviglia incredibile

se le cose stanno davvero così, perché io non l'ho mai visto con i miei occhi e perciò la responsabilità di quanto affermo è degli scrittori cinesi, che tuttavia raramente ho trovato dire menzogne sulle cose che ho potuto verificare.

Grazie alla sua conoscenza della lingua cinese, quindi, Martini poté accedere al ricco patrimonio storico, geografico e cartografico prodotto dai letterati cinesi dell'epoca Ming, il che rappresentò

Martino Martini, Novus Atlas Sinensis. Carta della Corea e del Giappone

un'assoluta novità rispetto all'approccio tenuto fino ad allora dai gesuiti che, da Matteo Ricci in poi, si erano soprattutto preoccupati di far conoscere il resto del mondo alla Cina ma non viceversa. In questo senso, Martino Martini fu veramente un pioniere e un campione del dialogo interculturale e diede un contributo fondamentale all'apertura di nuovi orizzonti per la cultura europea. Tra le altre cose, fu il primo a stabilire in via definitiva la natura peninsulare della Corea, fino ad allora presentata come un'isola che tendeva a confondersi con l'arcipelago giapponese, e a offrire un quadro completo e realistico dell'idrografia cinese, lacuale e fluviale, fino a quel momento avvolta nel più fitto mistero. Se si pensa all'importanza dell'irrigazione per una civiltà prettamente agricola come quella del Regno di Mezzo e al fatto che i corsi d'acqua rappresentavano le principali vie d'accesso all'interno del paese, difficile da percorrere via terra per le enormi distanze, si può capire la novità e l'importanza del contributo da lui fornito.

4.8 La questione dei riti cinesi

Torniamo alla questione dei riti cinesi, che come ho detto era stata risolta nel 1645 dal papa Innocenzo X a favore dell'intransigenza degli ordini mendicanti, che non volevano concedere nulla alle tradizioni locali. Secondo i gesuiti questa inflessibilità rischiava di compromettere la paziente opera di evangelizzazione da essi intrapresa. A Roma, Martini giunse verso la fine di settembre del 1654 e vi si trattenne per quasi tutto l'anno seguente. Data l'importanza della cosa, il papa Alessandro VII aveva assegnato la questione al Sant'Uffizio, e in particolare aveva nominato undici teologi che fungessero da "padri qualificatori", che esaminassero cioè tutti gli aspetti della questione ed emettessero il loro giudizio. I qualificatori erano

- Pietro Sforza Pallavicino, gesuita
- Raimondo Capizucchi, domenicano
- Vincenzo Preti, domenicano
- Michele Pius Passus de Bosco, domenicano
- Modesto Gavazzi de Ferrara, francescano conventuale
- Marco Antonio da Carpineto, cappuccino
- Enrico Borghi, servita

- Stefano Spinola, somasco
- Girolamo Ari, carmelitano
- Paolo Lucchini, agostiniano eremita
- Raffaele Aversa, dei caracciolini.

Prima di affrontare la discussione con i padri qualificatori, Martini inviò loro un memoriale, in modo che i teologi potessero conoscere in anticipo le sue tesi e prepararsi all'incontro. In effetti il Sant'Uffizio esaminò il memoriale per cinque mesi. Durante le udienze, Martini difese con competenza ed efficacia l'impostazione pastorale dei gesuiti, basata sulla cautela e sulla moderazione per non sgomentare chi si accostava per la prima volta ai misteri della dottrina cristiana: sulla traccia di Matteo Ricci, anche Martini pensava che molti articoli di fede fossero difficili da accettare per chi provenisse da tradizioni tanto diverse e che quindi fosse opportuno adottare gradualità e prudenza. Per cominciare, padre Martini chiese al Sant'Uffizio che si concedesse ai cristiani cinesi di mangiar carne nei giorni di Quaresima, se in essi ricorrevano le solennità che i cinesi erano soliti celebrare con cerimonie e banchetti. Quanto all'astinenza e al digiuno, le argomentazioni addotte erano molto ragionevoli:

A proposito del digiuno – sosteneva Martini – ci sono non pochi motivi che impediscono ai cinesi di osservarlo. Il venerdì, il sabato e le vigilie essi non hanno difficoltà a osservare l'astinenza dalle carni, ma pochissimi possono osservare il digiuno limitandosi al solo pasto di mezzogiorno. Infatti, i cinesi fin dall'infanzia sono soliti consumare almeno tre pasti al giorno e vi sono costretti perché i loro cibi sono leggeri, riso bollito o verdure condite col sale, perciò se al mattino non mangiano la colazione, non sono capaci di fare quasi nulla e a stento possono dedicarsi a una qualsiasi attività.

Date queste circostanze, il nostro chiese al Sant'Uffizio se

per quanto concerne i digiuni, l'osservanza dei giorni festivi, la confessione e la comunione una volta all'anno, i missionari debbano pretendere dai nuovi cristiani, subito dopo il battesimo, il rispetto dei precetti e debbano considerare peccato mortale la loro inosservanza.

Su questo come sugli altri punti cultuali d'importanza non decisiva, i padri qualificatori dimostrarono molta comprensione, e concessero ai gesuiti di procedere con i loro metodi. Al padre Martini stava a cuore anche la questione dei sacramentali, specie nell'estrema unzione, che per i francescani e i domenicani si dovevano amministrare sempre e comunque, anche alle donne. Secondo Martini:

Certo dai sacramentali non nasce nulla di riprovevole, ma spesso anche atti purissimi sono male interpretati dagli uomini o per malizia o per ignoranza e perché in questo Impero, dove si è tanto riservati e, a proposito delle donne, tanto gelosi e tenacemente fedeli a leggi e costumi contrari ai nostri, non è facile liberarsi da sospetti di disonestà.

Per amministrare l'estrema unzione, si deve

toccare le inferme sulle scapole e sul petto e spesso non si potrebbe farlo senza grande scandalo e riprovazione dei pagani. Si chiede perciò se nell'Impero cinese, per le ragioni suddette, basti amministrare questo sacramento solo a chi lo chiede. Si domanda ancora se si debba rifiutarlo qualora si prevedano inconvenienti e pericoli.

Il quesito sui sacramentali riferito alle donne adulte sollevò molte discussioni, finché uno dei padri qualificatori osservò che i gesuiti non chiedevano di tralasciare tutti i sacramentali ma solo alcuni, e precisamente l'unzione del petto e delle scapole delle donne e la deposizione della saliva sulle loro labbra, e fece presente che in Europa, in tempo di peste, per evitare uno "scandalo corporale" (cioè un contagio) il parroco, nel dare l'estrema unzione, poteva usare una verga alquanto lunga, d'argento, d'oro o di legno, per ungere i malati di peste. Propose quindi che i missionari, per evitare uno "scandalo spirituale" derivante da ignoranza o da scrupolosità e per eliminare ogni parvenza di malizia, potessero usare delle verghe per ungere il petto e le scapole delle donne, purché l'utilizzo di tali verghe servisse a evitare lo scandalo e la parvenza di malizia, in modo da potere così, un po' alla volta, introdurre l'uso normale di quei sacramentali. E così fu deciso.

Quanto alle onoranze tributate a Confucio, Martini sostenne con efficacia ed eloquenza la posizione dei gesuiti, che era già stata indicata da Matteo Ricci: Confucio era da considerare un filosofo, un maestro di vita e di condotta morale. Se teniamo presente quanto abbiamo detto nel primo capitolo su Confucio e sull'alta opinione che aveva Martini del filosofo cinese, non ci sorprenderà la ricchezza di argomentazioni e la vera e propria passione con cui il nostro difese il punto di vista dei gesuiti. Martini si espresse più o meno in questi termini:

In Cina la dottrina di Confucio è tenuta in grandissimo onore e tutti la seguono puntualmente. Ogni anno nel giorno della sua nascita e il primo giorno di ogni mese gli tributano grandi onori. Ma tutti i cinesi convengono che Confucio non dev'essere onorato come una divinità, lo onorano invece come un uomo insigne e benemerito dello Stato. Non gli rivolgono preghiere e da lui non sperano o pretendono nulla. Dopo la sua morte egli fu proclamato maestro di tutto l'Impero, né mai si parlò di divinità a suo proposito. I letterati compongono orazioni e poemi in suo onore. Nel palazzo di Confucio non c'è nessuna immagine, ma è scritto solo il suo nome, inoltre anche nelle città più grandi c'è una sola scuola confuciana e da ciò si capisce quanto essa si distingua dai templi degli idoli, che invece sono numerosi, tanto che mi stupisco che ci sia qualcuno che possa intendere diversamente.

Ma convincere i padri qualificatori non fu affatto facile. Essi obbiettarono che a Confucio venivano rese onoranze, allestite cerimonie e soprattutto venivano tributate offerte che apparivano come sacrifici a una divinità e che gli ordini mendicanti ritenevano tutto ciò idolatria o quanto meno superstizione. Martini, richiamandosi sempre all'autorità di Matteo Ricci, ribatté che per Confucio non si poteva parlare di culto, perché le cerimonie non erano pubbliche, ma erano riservate solo ai letterati e si celebravano nell'unica scuola confuciana, dove si svolgeva anche la cerimonia del conferimento dei gradi accademici.

Bisogna dire che il memoriale inviato da Martini al Sant'Uffizio aveva destato una grande impressione e aveva modificato l'opinione preconcetta dei padri qualificatori, che fino a quel momento era stata favorevole agli ordini mendicanti. Dal memoriale essi avevano ricavato della Cina e dei cinesi un'impressione molto diversa da quella che ne avevano fornito i francescani e i domenicani. Su questa base fu affrontato anche lo spinoso argomento delle onoranze ai defunti, che erano state descritte dai frati come gesti religiosi e di adorazione e che, come tali, erano state proibite dal decreto papale del 1645. La risposta di Martini fu quanto mai decisa:

Ho più volte interrogato i cinesi a questo proposito, e posso affermare senza esitazione quanto segue: essi non riconoscono all'anima umana alcuna qualità divina, quindi non vi è nessuna adorazione nei gesti di rispetto verso gli antenati. Allestiscono nelle case un banchetto posandovi sopra una tavoletta col nome del defunto, e accanto offerte quali fiori, cibo, incenso, monete. Ma il banchetto non è affatto un altare e la tavoletta, che chiamano sede dell'anima, non contiene affatto l'anima del trapassato e le offerte non sono da considerare sacrifici. Non conoscono altro modo per esprimere la loro devozione e il loro attaccamento e si tratta dunque di azioni che hanno un valore soltanto civile e affettivo. Si domanda se i cristiani possano praticare le onoranze funebri, purgandole di ogni elemento superstizioso, se possano compierle anche in compagnia dei parenti pagani e se possano assistervi quando siano praticate dai pagani anche con elementi di superstizione.

I voti dei teologi su questi punti furono divisi: quattro risposero no alla partecipazione attiva alle cerimonie, anche purificate, sei invece non ebbero obiezioni.

Restava un ultimo punto, molto importante, di carattere dottrinario: i gesuiti erano accusati dagli ordini mendicanti di occultare la croce, il che costituiva una gravissima e inammissibile mutilazione della fede. Martino Martini sostenne che quest'accusa era destituita di ogni fondamento e la respinse con tutte le forze. A riprova di quanto diceva, mostrò ai padri qualificatori libri, stampe, immagini e calendari che aveva portato con sé dalla Cina, sui quali la croce campeggiava in grande evidenza. La croce poi veniva esposta in tutte le feste liturgiche, specie nelle ricorrenze della settimana santa.

Alcuni padri, irriducibili, obbiettarono che nelle chiese il crocifisso era tenuto nascosto alla vista dei fedeli e che nel Credo i gesuiti tralasciavano l'articolo della crocifissione e morte di nostro Signore, il "patì sotto Ponzio Pilato". Martini allora mostrò il testo cinese del Credo che veniva proposto ai cristiani convertiti, contenente l'articolo incriminato e le stampe con le illustrazioni della flagellazione, della coronazione di spine e della crocifissione. Ammise tuttavia che nelle chiese il crocifisso all'inizio della messa era tenuto fuori della vista ed era mostrato ai fedeli solo quando fossero entrati tutti nel tempio: ma questo non era occultare, non era nascondere, non era sottrarre, era solo una norma di prudenza sensibile e di cautela pastorale per la mentalità dei cinesi, così diversa da quella occidentale.

Che bisogno c'è di ostentare subito la croce con un Dio inchiodato? Che impressione può fare ai cinesi un Dio sconfitto e ucciso, come possono accettare che un Dio onnipotente si lasci crocifiggere?

chiese il padre Martini. Secondo i gesuiti, la croce si doveva mostrare solo alla fine della Messa e doveva essere un momento culminante, circonfuso di mistero e di solennità, preparato con circospezione per non turbare l'animo ancora confuso ed esitante dei convertiti. Inoltre Martini denunciò la predicazione dei frati, praticata con toni drammatici e teatrali che potevano spaventare i pagani e allontanarli dalla Chiesa: che bisogno c'è, argomentava il nostro, che bisogno c'è di minacciare le fiamme dell'Inferno per i peccati commessi se i peccatori non si rendono ben conto di aver infranto comandamenti che appena conoscono e in buona parte ancora non capiscono?

I qualificatori si dichiararono soddisfatti e la questione della croce fu fatta cadere: Martini aveva persuaso i teologi del Sant'Uffizio che i gesuiti non intendevano nascondere e di fatto non nascondevano la passione e morte di Gesù Cristo, anche se preferivano l'aspetto della gloria di Dio, secondo il loro motto. Con quest'ultimo quesito terminò la sessione del Sant'Uffizio dedicata all'esame del memoriale di Martini e alla votazione sui singoli quesiti da lui posti.

Nell'affrontare la questione dei riti cinesi i padri qualificatori adottarono in complesso una grande cautela, e imposero diverse clausole prudenziali, ma le lunghe discussioni sfociarono da ultimo in una risoluzione favorevole ai gesuiti, alla precisa condizione che le cose riportate dal Martini corrispondessero al vero. Il 23 marzo 1656, tre mesi dopo la partenza di Martino Martini da Roma alla volta della Cina, il papa Alessandro VII emise un decreto che formalizzava la decisione del Sant'Uffizio, di fatto annullando il decreto papale del 1645.

Ritratto di papa Alessandro VII (1655-1667), Fabio Chigi, che firmò il decreto del 23 marzo 1656, col quale la Santa Sede approvava il metodo missionario adottato dai gesuiti in terra cinese

Una vittoria diplomatica importante, che dimostrò ancora una volta le grandi capacità oratorie e la sapienza dottrinale del gesuita trentino. Tuttavia la questione dei riti cinesi era chiusa solo temporaneamente, perché fu riaperta in seguito con alterne vicende, inasprendosi e coinvolgendo grandi personalità, come Pascal e Leibniz. I nemici dei riti non riuscirono più a imporre la loro visione intransigente, ma anche l'ascendente dei gesuiti declinò a causa della controversia, che si prolungò fino alla prima metà del Novecento.

Alcuni criticarono Martini, imputandogli di essere andato molto al di là delle posizioni di Ricci e di aver anche tradito la prassi pastorale cui si rifaceva la maggior parte dei gesuiti: per Martini i riti avevano carattere esclusivamente civile e morale, mentre Ricci non era stato altrettanto categorico. Ciò che Matteo Ricci aveva presentato come dubbio, al Martini appariva chiaro ed evidente: per i critici, la posizione perentoria di Martini ne faceva un interprete infedele del pensiero e della prudenza del suo grande predecessore.

È comunque opportuno sottolineare quanto difficile fosse giudicare della vera natura dei riti, e in genere dei costumi e delle usanze cinesi da parte di un occidentale, per quanto immerso in quella cultura. A riprova citiamo le parole dell'imperatore mancese Kangxi, che salì al trono nel 1661 (anno della morte di Martini) e regnò per 55 anni. Nel 1706, rivolgendosi a un legato del papa, ebbe a dire:

Sì, la vostra religione è santa, e sarebbe da augurarsi che voi la poteste propagare in tutto il mondo; ma siete in grave errore quando non tenete conto dei costumi e delle credenze di popoli diversi. Voi non potete penetrare a fondo il senso dei nostri libri.

Sono parole che andrebbero meditate anche oggi, quando il contatto tra civiltà e popoli diversi minaccia di trasformarsi in uno scontro per l'incapacità di accettare l'altro per quello che è e per l'incessante tentativo di imporre il proprio punto di vista, che si crede privilegiato e superiore. L'assolutismo che sta alla base di tante violenze dovrebbe essere temperato dalla comprensione e dall'accettazione del diverso e in questo senso forse la politica aperta e intelligente di Martini potrebbe costituire un'indicazione preziosa.

4.9 Prigioniero dei pirati

Ho detto che Martini lasciò Roma per la Cina, ma in realtà le cose furono molto più complicate e andarono ben diversamente rispetto alle sue intenzioni. In effetti egli partì da Roma il 19 dicembre del 1655 in compagnia di padre Prospero Intorcetta e si diresse a Genova, dove contava di imbarcarsi per Lisbona e di lì salpare per l'Oriente con una nave che sarebbe dovuta partire il 30 marzo 1656, durante il periodo in cui i venti erano propizi alla navigazione verso la Cina. Mentre quando era sceso dall'Europa settentrionale a Roma si era fermato a Trento per salutare la famiglia, questa volta decise di non ripassare per la sua città natale per non allungare troppo il viaggio. Il padre Martini era in compagnia di Domenico, un giovane cinese convertito al cristianesimo che gli faceva da segretario, e di altri dieci gesuiti, tra cui Intorcetta. La mattina dell'8 gennaio s'imbarcarono a Genova sulla nave olandese *Trigla* (così chiamata per il pesce, una triglia, scolpito a poppa). La *Trigla*, scortata da un'altra nave olandese di piccola stazza, salpò nel pomeriggio, ma un forte vento di burrasca la costrinse a rientrare nel porto. Miglior fortuna ebbe la nave tre giorni dopo, nonostante il mare fosse ancora molto agitato e nonostante un'eclissi di luna che ebbe luogo il mattino seguente e che gettò un'ombra di superstizioso timore sui marinai.

Il vento divenne propizio e i naviganti procedevano rapidi verso la Spagna, ma il 14 gennaio, nel primo pomeriggio, scorsero una macchia oscura che poi si rivelò essere la *Regina*, una nave pirata francese. La *Regina* attaccò la *Trigla* a cannonate: nonostante la resistenza degli olandesi il numero soverchiante dei corsari, 300 contro 45, ben presto s'impose. I passeggeri furono percossi e derubati e uno di essi fu raggiunto da un colpo di fucile e ferito a morte. Altri due morti si ebbero tra i membri dell'equipaggio, mentre quaranta furono uccisi tra i pirati. Fu una scena di terrore e di devastazione. Solo il padre Martini, lacero e contuso, a capo scoperto e scalzo, spogliato di tutto, si teneva a poppa in una posa di grande dignità e coraggio e a tratti perfino sorrideva.

Dopo l'occupazione e la spoliazione della *Trigla*, tutti i superstiti si trasferirono sulla *Regina* la quale, malconcia anch'essa per le cannonate ricevute, si prese a rimorchio la nave olandese.

Durante la faticosa navigazione vennero avvistate altre navi, e la *Regina* si apprestò ad assalirle, ma le sue precarie condizioni non le consentirono l'inseguimento. Il primo febbraio, finalmente, dopo varie traversie per le condizioni del mare, il convoglio giunse all'isola Santa Margherita, di fronte ad Antibes, e il capitano della *Regina* diede inizio alle trattative per la liberazione dei prigionieri. Fu deciso che Martini e un confratello, Giacinto de Magistris, scendessero a terra e andassero a piedi fino a Genova per raccogliere il denaro necessario al rilascio dei gesuiti e per sollecitare le autorità e le compagnie di navigazione a intervenire per riscattare gli altri prigionieri.

Le trattative si protrassero per giorni, con l'intervento di gesuiti di Nizza, nobili dei dintorni e mercanti di Genova, finché tornarono Martini e de Magistris e i negoziati proseguirono sulla terraferma. Martini mise in gioco tutta la sua abilità e la sua eloquenza, facendo presente al capitano corsaro le gravi perdite di oggetti preziosi, di libri e soprattutto di tempo che i gesuiti avevano subìto a causa della prigionia: erano stati trattenuti per 25 giorni e rischiavano di mancare il periodo buono per la partenza. Il capitano però fu irremovibile: tutti i gesuiti dovevano risalire a bordo finché non fosse stato raggiunto un accordo sull'ammontare del riscatto. Ma una forte burrasca impedì ai padri di tornare sulla nave e Martini, persa la speranza di condurre in porto la trattativa, optò per la fuga. Prese con sé tre padri, tra cui il de Magistris, e tutti e quattro, privi di bagaglio poiché ogni cosa era stata perduta durante la battaglia navale, s'incamminarono alla volta di Genova col favor delle tenebre. Giunti a Monaco ebbero notizia che il riscatto era stato pagato e che tutti i missionari erano liberi. Giunsero a Genova, sani e salvi, il 16 febbraio: dopo 39 giorni si ritrovavano al punto di partenza. In realtà erano in una situazione di estremo disagio, avendo perduto tutto nel conflitto con i pirati.

Tre giorni dopo il loro arrivo, il 19 febbraio 1656, Martini scrisse una lettera al Generale, padre Goswin Nickel, in cui narrava le terribili vicende subite dai padri gesuiti e descriveva il drammatico frangente in cui si trovavano. Nella lettera padre Martini si raccomandava al padre Nickel affinché giungesse a soluzione favorevole la questione dei riti cinesi, di cui non si conosceva ancora l'esito, e lo pregava di fargli avere copie del Decreto quando fosse stato emanato. La cosa ovviamente stava molto a cuore al nostro, infatti il 4 marzo padre Martini scrisse di nuovo al Generale Nickel, tornando sul problema dei riti e chiedendogli di avere copie del decreto a Lisbona, dove sarebbe giunto in breve tempo.

Goswin Nickel S.J. (1582-1664), decimo Preposito Generale della Compagnia di Gesù, cui M. Martini indirizzò alcune lettere, che si possono leggere, in testo originale e tradotte, nel vol. I dell'Opera Omnia, ad Indicem.
Dai "Ritratti de' Prepositi Generali della Compagnia di Gesù delineati e incisi da Arnoldo Van Westerhout", Roma 1759

Le due lettere ebbero esito rapido: sollecitato dal padre Generale, padre Adam Pleickner, esecutore ufficiale degli atti pendenti in Roma, fece pervenire al papa Alessandro VII un memoriale per sollecitare d'alcuni suoi negotii [affari] in Roma, et havendo già havuto nelle mani per benignità della Santità Vostra la spedizione gratiosa delli dubii [la risoluzione favorevole dei problemi], che detto Martino aveva proposti per benefitio de Xni [cristiani] della Cina, supplica [a nome di padre Martino] di qualche sussidio già addimandato per l'erezione d'un Seminario che pensa fondare nella Cina, sperando che debba essere di singolare aiuto nella grande e numerosa Xtà [cristianità]. Chiede aiuto perché detto Padre possa tornare nella missione coi compagni perché i corsari li hanno derubati perfino della camicia.

Il progettato Seminario non fu mai costruito, e per il resto non sappiamo che esito abbia avuto il memoriale del Pleickner. Sappiamo invece per certo che le copie tanto desiderate del Decreto, emanato il 23 marzo 1656, pervennero nelle mani di padre Martini in Portogallo. Il 30 marzo era partita da Lisbona una nave con alcuni missionari gesuiti, ma padre Martini non era tra questi: troppi e troppo importanti erano gli affari ancora pendenti. Egli sapeva che il Decreto del Sant'Uffizio sui riti cinesi era in preparazione e voleva aspettarne le copie prima d'imbarcarsi. Era naturale che volesse portarle in Cina di persona: in fondo era questo lo scopo principale, o almeno ufficiale, del suo viaggio in Europa. In più voleva discutere con Diego Gomez Carneiro la traduzione in portoghese del De Bello Tartarico, che sarebbe stata pubblicata da Valente de Oliveira nel 1657. Non ultimo, doveva riscuotere i crediti dei vari editori che avevano pubblicato le sue opere per mettere insieme i soldi necessari al viaggio.

Non poté dunque partire il 30 marzo e ciò lo costrinse a rinviare il viaggio di un anno intero, poiché la compagnia Carbeira du India compiva una sola traversata all'anno, nel mese di marzo o aprile. Gli altri periodi dell'anno non erano favorevoli alla navigazione nei mari tropicali, e di questo Martini si era potuto render conto di persona in occasione del suo primo viaggio verso la Cina, nel 1639, quando la nave era stata costretta a tornare in Portogallo dopo cinque mesi di navigazione a causa delle prolungate bonacce. Fu quindi solo l'an-

Avventura con i pirati nel Mediterraneo (11 gennaio – 16 febbraio 1656).
Vedi Opera Omnia, vol. I lettera XXIX, pp. 445-461

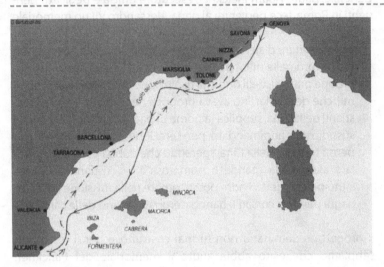

no seguente, il 4 aprile 1657, che Martino Martini lasciò Lisbona con una flotta di tre navi. È interessante notare che, a cominciare da Matteo Ricci nel 1578, a ogni gesuita che partiva in missione per le Indie Orientali era attribuito un numero progressivo. Nel primo viaggio, del 1640, Martini aveva avuto il numero 890, mentre ora, nel 1657, ebbe il numero 1031: nell'arco di ottant'anni erano partiti dal Portogallo per l'Oriente più di mille gesuiti.

4.10 Finalmente si parte

La flotta di tre navi che salpò da Lisbona il 4 aprile portava in tutto 36 gesuiti. Due delle navi, la *Sao Lourenço Das Almas* e la *Na Sra. de Ouriquf*, erano dirette rispettivamente in India e in Cocincina, mentre la terza, la *Bom Jesus da Vidiguiera*, su cui si trovava il padre Martini con altri sedici missionari, di cui egli era il superiore, faceva rotta per la Cina. Per la *Bom Jesus* il viaggio fu drammatico: in preda alle tempeste fu più volte sul punto di affondare e Martini fu a più riprese in procinto di morire. Sette su sedici dei suoi compagni persero la vita. Finalmente, dopo dieci mesi di navigazione, la nave raggiunse Goa, in India.

Il 30 gennaio 1658 Martini lasciò il porto di Goa diretto a Macao. Dei trentasei missionari partiti da Lisbona, ben pochi raggiunsero la loro destinazione: chi era morto in mare per le conseguenze delle burrasche prima di arrivare a Goa, chi morì di malattia a Goa o durante il viaggio verso Macao. I superstiti vennero bloccati dagli olandesi e furono costretti a rifugiarsi nella città di Makassar, nell'isola di Célebes, dove lo sparuto gruppo subì altre perdite. A Makassar, Martini ebbe un incontro con il domenicano Domingo Navarrete, il quale gli chiese, e ottenne, una copia non autenticata del Decreto papale del 23 marzo 1656. Il domenicano la spedì subito al vescovo di Manila e ai suoi superiori: questa premura di Navarrete è comprensibile, dato che il Decreto dava ragione ai gesuiti e agli ordini mendicanti toccava quindi prendere i provvedimenti del caso.

Partiti in sei da Makassar, quando approdarono a Macao i gesuiti erano tutti ammalati e furono ricoverati nel lazzaretto. Uno dei compagni di Martini, il padre Albert d'Orville, in una lettera spedita al padre Generale Nickel da Macao il 30 settembre 1658, descrive le peripezie affrontate dai confratelli e parla a lungo dell'opera prestata da Martini, ma con toni di aspra rampogna. Lo rimprovera di non aver provveduto a rifornirsi alla partenza di una quantità sufficiente di farmaci, con la conseguenza che tutti i suoi compagni si sono ammalati e alcuni sono morti, di essersi comportato in maniera troppo autoritaria e senza compassione per le sofferenze degli infermi e infine di aver disposto a suo arbitrio dei fondi della missione.

Questa lettera è scritta in gran parte in cifra e l'acrimonia che la pervade non depone a favore dell'estensore, che forse era in preda agli effetti della malattia e alla febbre. Padre d'Orville infatti non considera che Martini stesso si era ammalato ed era arrivato a Makassar semiparalizzato e tormentato da tremende coliche che gli provocavano acuti dolori addominali. Nonostante il suo stato, il 17 febbraio, nel corso di una tempesta, il padre Martini aveva trovato la forza di sostituirsi al timoniere, che era paralizzato dal terrore, restando alla barra per tutta la notte e salvando tutti da sicuro naufragio.

A conferma dello stato di alterazione in cui si trovava d'Orville quando scrisse la lettera del 30 settembre, abbiamo un'altra sua lettera di un mese dopo, il 30 ottobre, in cui, descrivendo il viaggio da

Goa a Macao, si profonde in elogi nei confronti di Martini, di cui esalta il comportamento coraggioso in occasione della tempesta.

A Macao, c'informa ancora d'Orville con la sua lettera, erano scoppiati gravi disordini che avevano coinvolto i portoghesi, i gesuiti e la popolazione cinese. Era accaduto che un gesuita aveva fatto arrestare un marinaio cinese per aver molestato una donna in chiesa e i cinesi avevano reagito con durezza all'arresto, fornendo alle autorità di Canton il destro di promulgare una serie di provvedimenti contro i portoghesi, tra cui il divieto agli stranieri di entrare in Cina. Martini si trovò pertanto bloccato a Macao, in attesa che la situazione migliorasse. Il 2 novembre 1658, durante la sua permanenza forzata, Martino Martini scrisse all'assistente di Germania questa lettera:

All'assistente di Germania.

La pace di Cristo.

Giunsi a Macao il 17 luglio 1658, essendo partito da Goa il 30 gennaio del medesimo anno, seguendo un nuovo percorso, dopo aver preso gli auspici, per paura degli olandesi.

Il viaggio fu tutto travagliato e pieno di tempeste: fummo sballottati dalle tempeste per tutti i 40 giorni.

Dopo aver superato il golfo del Bengala, navigammo a sud di Giava, tenendo la rotta lungo le coste meridionali di Giava, Bali, Bima ed Emda, finché, tornata finalmente la calma, approdammo all'isola di Sola, dove anche ci fermammo per un mese e qualche giorno.

Invero, benché in mare avessimo sofferto molto e spesso avessimo gridato che per tutta la nave e per tutti noi era la fine, tuttavia ci aveva sostenuto la sensazione che la terra fosse vicina. È l'isola di Sola infatti, dove c'è un porto e una stazione dei portoghesi, che si chiama Larantuca. È affatto insalubre, che non ce n'è un'altra e sta sotto un cielo torrido. Aumentano questi disagi alcuni monti sulfurei che stanno intorno, due dei quali, vicini all'insediamento dei portoghesi, vomitano continuamente globi di fuoco; e ai piedi di uno, l'audace avidità dei mercanti ha fondato la stazione di Larantuca.

Orbene, per questa inclemenza del clima è successo che, di dieci compagni, nove cademmo ammalati e per la violenza della gravissima malattia tutti ci mettemmo a letto, in una località dove non c'era alcun medico né alcuna medicina, affidati solo alla divina Provvidenza, alla quale piacque chiamare due padri al premio delle loro fatiche, e precisamente: padre François Clément francese e padre Giovanni Maria Guicciardi italiano. Io stesso, pur abituato alle fatiche e alle varietà dei climi, dopo ormai cinque mesi sento ancora i postumi della malattia contratta colà.

Inoltre lasciai due compagni in Macasaria, presso i nostri, quando di là dovevamo far vela per Macao e non sembrava opportuno rimetterli di nuovo in mare ammalati. Essi sono padre Jacob Dimer e padre Christian Herdtrich, che, come spero, ci seguiranno a Macao e in Cina l'anno prossimo.

Così, di dieci, solo sei giungemmo a Macao, e precisamente: padre Andrea Ferran, padre Albert d'Orville, padre Ferdinand Verbiest, padre Prospero Intorcetta, fratello Manoel dos Reys, e io. Ma Dio aumentò subito il diminuito numero. Infatti, poco dopo di noi, dal Regno del Siam vennero due padri, Philippe Couplet e Francois Rougemont, dai quali, con grande mio dolore seppi della morte di padre Ignatius Hartogvelt, che nel Regno del Siam fu rapito ai cinesi. E appresi anche la notizia del naufragio della nave inglese su cui viaggiava padre George Keynes. Questo naufragio avvenne sugli scogli presso le isole Filippine. In esso non scampò neppure uno dei trasportati.

C'è veramente da dolersi per la scomparsa di tanti ottimi candidati alla missione cinese.

Ma noi lavoriamo per Dio, e affidiamo alla sua divina volontà tutte le nostre cose e anche la vita.

Poco dopo la venuta dei padri dal Siam, vennero altri due padri, trasportati da una nave inglese dall'emporio di Surate in Mogoria [città indiana a nord di Bombay], e precisamente padre Bernhard Diestel e padre Johann Grueber.

Da questa breve narrazione, Vostra Reverenza si potrà facilmente immaginare quanto abbiamo sofferto, attraverso tanti pericoli, per entrare nella sospirata Cina, specialmente se richiamerà alla memoria quello che accadde nel Mediterraneo e nel viaggio fino a Goa.

Tutte queste cose mi persuadono a credere che il demonio ha paura dei miei compagni in Cina e perciò ha posto ogni ostacolo per impedirlo; come anche già qui in Macao ha tentato di turbare finora il mio ingresso in Cina già preparato, per delle turbolenze sorte tra i piccoli re (che governano la provincia di Guangdong per conto dell'imperatore) e gli abitanti di Macao. Queste turbolenze, per l'avarizia dei mancesi, da piccoli indizi crebbero al massimo, e, benché la cosa sia ormai tutta composta, tuttavia noi non riteniamo ancora giunto il momento di metterci in viaggio; ma auspichiamo che sarà fra poco. Dell'interno della Cina non scrivo nulla, perché, da quando sono giunto a Macao, non ho ricevuto nessuna lettera. La situazione politica della Cina è la stessa che lasciai: vi dominano i mancesi. Qui però non giunge notizia delle guerre nel continente, tranne quella che riguarda la provincia di Quennam, nella quale dicono che ci sia il re Qunglie. Dal mare fa incursioni Quecingo e distrugge le località vicine alle coste; però non ha mai potuto finora mettere piede sulla terraferma senza che non ne sia stato subito respinto.

Da questa lettera, oltre che sulle peripezie dei missionari, siamo informati anche sulla fitta rete di comunicazioni che i gesuiti avevano intessuto in Oriente, tra l'India e la Cina, e sui contatti che essi mantenevano con la casa madre di Roma. La fede incrollabile di questi uomini consentiva loro di superare prove estreme e di considerare la morte di tanti compagni a causa dei naufragi, delle malattie e dei vari incidenti come un premio per il loro impegno incrollabile. Il ricambio degli scomparsi era comunque continuo, tanto era il desiderio dei gesuiti di partire in missione.

4.11 Bilancio di un viaggio

Nel febbraio del 1659 Martini scrive di nuovo da Macao al padre Generale Nickel, facendogli capire di essere sul punto di partire per l'interno della Cina: infatti la situazione in città andava normalizzandosi e i provvedimenti restrittivi imposti dalle autorità cinesi stavano per essere revocati. La partenza del nostro, inoltre, fu agevolata dagli interventi autorevoli del padre Adam Schall da Pechino e di un prefetto cinese amico di Martini. Fu così che il padre Martini poté mettersi in viaggio, trattato con tutti gli onori, insieme con altri nove gesuiti diretti alle residenze di missione loro assegnate.

Finalmente, l'11 giugno 1659, rientrò nella sua amata Hangzhou, dopo quasi sei anni di assenza, anni travagliati per i numerosi pericoli corsi durante i viaggi e contrassegnati da un'attività febbrile in campo scientifico, editoriale e pastorale. Oltre a pubblicare in Europa alcune delle sue opere più importanti, l'*Atlas* e il *De Bello Tartarico*, e aver avviato a pubblicazione la *Sinicae Historiae Decas Prima* (che sarebbe uscita a Monaco dall'editore Straub nel 1658, quando Martini attendeva a Macao il permesso di rientrare in Cina), egli si era incontrato con alcuni degli scienziati più illustri d'Europa, scambiando con loro opinioni e conoscenze importanti. Non dimentichiamo che Galileo, il fondatore della fisica moderna, era morto nel 1642, quando Martini entrava in Cina per la prima volta, e che le sue idee e i suoi metodi erano ormai patrimonio diffuso tra gli studiosi. Nel 1647 era morto Evangelista Torricelli, forse il più grande degli allievi e continuatori di Galileo.

Al rientro di Martini in Europa, nel 1653, il clima intellettuale era dunque di grande fermento. Gli studiosi corrispondevano tra loro, si scambiavano quesiti, risultati e informazioni, perciò il "gesuita mandarino" che portava nel vecchio mondo notizie precise e di prima mano del misterioso Celeste Impero non poteva non destare un enorme interesse, testimoniato dal successo delle sue conferenze, dalla risonanza delle sue pubblicazioni e dalla generosità di principi e regnanti in favore delle sue iniziative missionarie. La curiosità per la Cina si mescolava alla passione per la scienza, all'eccitazione per le scoperte, al brivido per la trasgressione delle dottrine aristoteliche, all'audacia che spingeva a sottoporre al vaglio della ragione e dell'esperienza diretta la tradizione religiosa e filosofica fin lì seguita dogmaticamente e senza tentennamenti.

In questo clima di fervorosa concitazione, la figura di Martini suscitava grandi aspettazioni e contribuiva ad eccitare le menti assetate di sapere. Del resto la sua dottrina, le opere che veniva annunciando come prossime alla pubblicazione, la loro rapida diffusione, la sua stessa persona, già testimone di vicende quasi favolose, non potevano che accrescere l'interesse, il fascino e l'attrazione che il gesuita di Trento esercitava ovunque andasse. Esempi di questa attesa, come abbiamo già detto, furono i suoi due incontri con il grande arabista Gohl, al quale donò la prima storia della grammatica cinese da lui compilata. L'interesse per la Cina, già vivo alla metà del Cinquecento, aumentò progressivamente nei decenni successivi. Basti dire che di 132 opere sulla Cina registrate da Harmut Walravensen in *China Illustrata* (1987) e pubblicate nei 150 anni dalla metà del Cinquecento all'inizio del Settecento una ventina sono anteriori al 1600, 24 appartengono agli anni tra il 1600 e il 1654 e oltre 80 comparvero tra quell'anno e la fine del Seicento, in una progressione incalzante.

È importante notare che con le sue opere Martini sollevò questioni d'importanza capitale. Per esempio nella *Sinicae Historiae Decas Prima* pose quesiti fondamentali relativi alla concezione che gli studiosi avevano sulle origini del genere umano, sulla datazione del diluvio universale e in genere sui criteri che stavano alla base della ricerca storiografica. Si può affermare che quell'opera obbligava a riflettere in modo critico sulle vicende narrate nella Bibbia: il messaggio delle Scritture riguardava solo il popolo ebraico? Il diluvio era stato proprio universale? Martini, che ben conosceva il dibattito europeo su questi punti, evitò di arroccarsi dietro le interpretazioni tradizionali, ma anche di avventurarsi a formulare ipotesi nuove. Con grande scrupolo e serietà preferì adottare formule dubitative, usando spesso l'avverbio forse e i verbi al condizionale. Insomma, offrì per la prima volta all'Occidente una storia di origine orientale, anteriore a Noè e alternativa a quella biblica. Apriva così un orizzonte storico nuovo e problematico: da allora gli storici europei impegnati a scrivere la storia del mondo dovettero prendere in considerazione anche la storiografia e la cronologia cinesi.

Se la *Sinicae Historiae* solleva problemi storiografici e cronologici formidabili, tali da rivoluzionare il concetto di tempo, il *Novus Atlas Sinensis*, di cui abbiamo già detto, apre una visione spaziale altrettanto rivoluzionaria, e segna il passaggio da un'angusta visione ancora medievale a una concezione planetaria che prelude a quella contemporanea. Un altro merito di Martini fu quello di aver descritto il passaggio dalla dinastia Ming a quella Qing nel *De Bello Tartarico*, cronaca che rivelò agli europei le grandiose vicende belliche che si svolgevano all'altro capo del mondo e che superavano in dimensioni quelle contemporanee occidentali (a quel tempo la Cina aveva una popolazione doppia di quella europea).

Ma oltre la grande missione scientifica e culturale compiuta in quei mesi di peregrinazione per l'Europa dei sapienti, oltre la redditizia operazione di raccolta di fondi presso le corti più importanti (l'Arciduca Leopoldo d'Austria, dedicatario dell'Atlante, gli aveva donato trentamila scudi, equivalenti a circa cinquantamila euro), oltre l'attività di proselitismo svolta presso i Collegi dei gesuiti, Martini era riuscito a portare a buon fine il delicato e importantissimo compito che gli era stato affidato dai superiori presso il Sant'Uffizio: difendere la posizione della Compagnia di Gesù nella controversia con gli ordini mendicanti sui riti cinesi.

Non si trattava di un puntiglio dottrinario, ma dell'essenza stessa del metodo pastorale adottato dai gesuiti fin dal tempo di Matteo Ricci, che tanti buoni risultati aveva dato in termini di conversioni e di penetrazione culturale e sociale. La posizione intransigente dei francescani e dei domenicani, che volevano bandire del tutto le tradizioni rituali dei cinesi, considerate alla stregua di ingenue e pericolose superstizioni, e la loro rigidità in termini di presentazione della dottrina cristiana, per cui le verità di fede dovevano essere esposte tutte e subito, anche nei loro risvolti più incomprensibili ai cinesi, minacciavano di compromettere i risultati faticosamente ottenuti dai gesuiti.

Come abbiamo accennato, l'operato di Martini in rapporto alla questione dei riti cinesi fu criticata da molti, che lo ritenevano troppo categorico nel considerare le usanze cinesi del tutto prive di valore religioso, ma forse questa sua posizione così drastica era conseguenza dell'atteggiamento altrettanto estremo dei frati. Se non avesse adottato una posizione tanto decisa, forse il Sant'Uffizio non si sarebbe lasciato persuadere ad appoggiare i gesuiti.

4.12 Il ritorno a Hangzhou e la fine della storia

Torniamo al viaggio di Martino Martini, che abbiamo lasciato nel giugno 1659 in procinto di rientrare a Hangzhou. Giunto finalmente nella sua prediletta città, grazie ai finanziamenti ottenuti da due donne cinesi convertite Martini diede inizio alla costruzione di una chiesa su un terreno a sud della *Fonte dell'acqua celeste* e all'interno della *Porta delle mura settentrionali*. Lo stile della costruzione, che esiste tuttora, è occidentale (forse il progetto è dello stesso Martini) e la facciata può ricordare, sia pure alla lontana, la chiesa del Gesù a Roma. La chiesa, considerata la più bella della Cina, fu chiamata dapprima *Templum Salvatoris* e poi *Chiesa dell'Immacolata Concezione.* Il padre Martini seguì i lavori di costruzione con grandissima cura e si impegnò per farne un luogo di battesimo privilegiato per i convertiti: nel 1660 riuscì ad adunarvi ben 207 battezzandi, aspergendoli poi con l'acqua benedetta proveniente della vicina *fonte dell'acqua celeste.*

E qui ci avviamo all'epilogo della vicenda terrena di Martino Martini, di questo grande missionario, letterato, scienziato, viaggiatore e organizzatore. Due anni dopo essere rientrato nella sua Hangzhou, egli morì per una cura sbagliata: sofferente di stomaco, forse per i postumi della grave infezione contratta durante i quaranta giorni di permanenza a Larantuca nel maggio del 1658, assunse una dose eccessiva di rabarbaro, molto più abbondante di quella che gli aveva prescritto il medico cinese. Nello spazio di pochi giorni, il 6 giugno 1661, all'età di 47 anni, si spense.

La morte sopraggiunse quando Martini era ancora nel fiore dell'età, pieno di vita, di forza e di progetti per la sua missione. Il suo corpo fu sepolto fuori delle mura di Hangzhou, in un terreno donato alla missione dei gesuiti da un convertito cinese. Quindici anni dopo, il padre Prospero Intorcetta acquistò nella stessa località un altro appezzamento di terreno, più elevato e asciutto, per trasferirvi le tombe dei gesuiti sepolti nel cimitero vecchio, che si erano guastate a causa dell'umidità. La traslazione delle salme ebbe inizio nel 1678. Aperta la tomba, il corpo di Martini, a differenza degli altri, apparve pressoché intatto, immune da *corruptione ac putredine.*

La salma così ben conservata fu lasciata nello stesso luogo umidissimo sino all'aprile del 1679, quando una nuova ricognizione permise di constatarne ancora l'ottimo stato di conservazione. A questo punto si procedette alla traslazione nella cappella del cimitero nuovo e il corpo praticamente intatto di Martini divenne oggetto di culto da parte sia dei cristiani sia dei cinesi non convertiti. Secondo alcuni testimoni, ancora all'inizio dell'Ottocento il corpo era in condizioni discrete, ma aveva cominciato a guastarsi. Infine nel 1877 i missionari lazzaristi, appartenenti alla congregazione fondata nel 1625 da san Vincenzo de' Paoli, sia per lo stato di avanzato deterioramento della salma sia per porre fine alle manifestazioni di culto, che ormai sconfinavano nell'idolatria, raccolsero le ossa in un'urna seppellendola nella cappella del cimitero nuovo.

Appendice A
Le condizioni dell'Europa all'epoca di Martino Martini

1. La riforma protestante

Per inquadrare meglio la vita e l'opera del padre Martino Martini, conviene accennare alle condizioni dell'Europa tra Cinque e Seicento, senza nessuna pretesa di sostituirci alle opere storiche. Circa un secolo prima della nascita del nostro, nel giorno d'Ognissanti del 1517, un altro Martino, il monaco agostiniano tedesco Martino Lutero (1483-1546), affisse sulla porta della cattedrale di Wittemberg, una cittadina della Sassonia a sudovest di Berlino, 95 tesi teologiche che criticavano la prassi della vendita delle indulgenze a suffragio delle anime del Purgatorio. La vendita, praticata dalla Curia romana nel clima generale di abbassamento del livello spirituale della cristianità, aveva ormai assunto il carattere immorale di un comodo artificio per far denaro ogni volta che lo richiedessero le necessità politiche o il lusso della corte pontificia. Banche, principi e predicatori senza scrupoli approfittavano in vario modo della situazione per spillare denaro alle folle dei credenti. Lo scandalo raggiunse il colmo nel 1524, quando papa Leone X promulgò un'ulteriore concessione di indulgenze a pagamento per sovvenzionare la costruzione della basilica di san Pietro in Roma.

Nato da genitori modesti, Lutero era riuscito con l'ingegno e con la volontà a occupare la cattedra di teologia dell'università di Wittemberg. Estraneo alle correnti spirituali più raffinate del suo tempo, che facevano capo a Erasmo da Rotterdam, lontano da preoccupazioni umanistiche o politiche, viveva un profondo tormento religioso. Meditando sull'indegnità dell'uomo di fronte alla perfezione di Dio, si era convinto che la salvezza non può derivargli dalle opere buone, ma solo dalla grazia di Dio ricevuta attraverso la fede e una totale rigenerazione della coscienza. Ciò lo portò a negare l'esistenza del libero arbitrio in assenza della grazia. Per la Chiesa cattolica, al contrario, era indispensabile che l'uomo collaborasse con le opere buone, che servono alla salvezza propria e anche all'altrui tramite la mediazione della Chiesa; inoltre la decisione di bene operare spettava solo al libero arbitrio del singolo. Già da qualche tempo Lutero insegnava ai suoi allievi la dottrina eterodossa della giustificazione per fede, quando la promulgazione delle indulgenze di cui si è detto fece precipitare gli eventi.

La recentissima invenzione della stampa consentì a Lutero di far giungere migliaia di copie dei suoi scritti in tutti gli angoli della Germania: la polemica, uscita dal chiuso mondo dei teologi, fruttò al monaco di Wittemberg consensi da ogni componente sociale, compresi i principi e i cavalieri, da tempo bramosi di impadronirsi dei sostanziosi beni del clero. Tanto che, nonostante una bolla di scomunica emessa dal papa contro Lutero, i principi tedeschi lo aiutarono a organizzare una Chiesa riformata, nella quale, tra l'altro, vigeva il principio del sacerdozio universale dei credenti, che aboliva ogni distinzione tra laici e clero. Poiché nella visione di Lutero l'unica fonte in materia di fede era la Scrittura, senza l'intermediazione del clero, tutti dovevano imparare a leggere e a scrivere e a usare il proprio discernimento, respingendo la dipendenza dall'autorità altrui. Ciò comportava l'abbandono del latino, che fu sostituito dalle varie lingue nazionali, contribuendo alla rottura dell'unità religiosa europea. Inoltre la Chiesa, privata di ogni potere politico ed economico, diventava Chiesa di stato.

Non si può certo passare in rassegna l'infinita catena di conseguenze che scaturirono dalla riforma di Lutero. Ovunque si manifestarono agitazioni e ribellioni, che spinsero altri riformatori, per esempio lo Zwingli in Svizzera, a fondare Chiese più o meno affini a quella luterana, la quale intanto prendeva piede nella Germania meridionale, in Austria, nei Paesi Bassi, lungo le rive del Mar Baltico e del Mare del Nord. Anche la Svezia, la Danimarca e la Norvegia e nel 1525 la neonata Prussia abbracciavano la nuova fede.

Accanto a Lutero, mette conto di menzionare Erasmo da Rotterdam (1466-1536): benché fosse stato ordinato prete e rimanesse sempre cattolico, anche Erasmo criticava le sfrenatezze della Chiesa di Roma, proponendo una religiosità interiore e una pratica costante della carità. La sua polemica non scaturiva da dubbi dottrinari né da ostilità verso le gerarchie ecclesiastiche, bensì dall'esigenza di salvaguardare la Chiesa dai pericoli che correva, derivanti dalla corruzione, dai coinvolgimenti secolari dei pontefici, dal culto smodato delle reliquie e dal mercato delle indulgenze. Dotto umanista, Erasmo peregrinò per le varie università europee, interessato più agli studi e all'insegnamento che alle diatribe religiose, ma quando Lutero avviò la sua riforma, egli non poté evitare di partecipare al nascente dibattito, anche se ne avrebbe fatto volentieri a meno per il suo carattere alieno dalle prese di posizione radicali.

Erasmo non condivideva il punto centrale della dottrina luterana, la negazione del libero arbitrio, pertanto declinò l'invito di Lutero a collaborare con lui e rifiutò di cambiare confessione. Erasmo riteneva possibile compiere una riforma all'interno del cattolicesimo. L'attacco da parte di Lutero, che attribuiva le esitazioni di Erasmo a mancanza di fermezza o addirittura a codardia, fu durissimo. In quella temperie tesa e caotica era necessario prendere posizioni nette, così i tentennamenti di Erasmo e i suoi tentativi di conciliazione lo resero inviso a entrambi i fronti, tanto che il 19 gennaio 1543 i suoi libri furono bruciati a Milano insieme con quelli di Lutero. Le proposte riformistiche di Erasmo, che pure erano state accolte con favore dal papa Leone X e dall'imperatore Carlo V, naufragarono miseramente. Accadde così che in quel clima di disordine e di scontro gli erasmiani furono confusi con i riformati e furono combattuti dalla Chiesa al pari dei luterani, nonostante la loro indubbia fede cattolica.

A quel tempo in Europa la potenza dominante era la Spagna, governata da Carlo V d'Asburgo. Con un'abilissima politica finanziaria e matrimoniale, la casa d'Asburgo, oltre al regno d'Austria, era riuscita ad accaparrarsi le Fiandre e i regni spagnoli di Castiglia e d'Aragona, coi loro domini italiani di Napoli, Sicilia e Sardegna e con l'immenso territorio delle colonie americane. Grazie all'appoggio dei grandi banchieri tedeschi e fiamminghi, Carlo V, sui cui domini "non tramontava mai il sole", com'egli stesso orgogliosamente dichiarava, fu eletto imperatore nel 1519.

Carlo V, accorto erede di una raffinata tradizione diplomatica, freddo e schivo di carattere, afflitto da un'insopprimibile malinconia dovuta alla tragica eredità della madre Giovanna la Pazza, aveva per avversario il re di Francia Francesco I di Valois, vigoroso e gaudente, amante del lusso e gagliardo nel portamento. Ebbe così inizio, nel 1521, tra la Francia e la Spagna, una lunga ed estenuante lotta per il dominio del continente. Le sorti del conflitto volsero ben presto a favore di Carlo V in virtù delle sue forze preponderanti e della sua abilità politica. Tuttavia nel 1530, quando si profilava la vittoria definitiva dell'imperatore, due fatti nuovi gli resero impossibile il trionfo contro la Francia: l'affacciarsi sulla scena europea dell'Impero Ottomano e il dilagare della rivoluzione religiosa di Lutero.

Conclusa la guerra con la Francia, Carlo V si occupò della Chiesa riformata tedesca, minacciando di mettere al bando Lutero e di sradicare la sua Chiesa. Ma alla minaccia risposero con energiche proteste i principi e le città seguaci di Lutero, che da allora presero il nome di "protestanti". La riforma luterana conobbe una certa diffusione anche in Italia, senza tuttavia che si arrivasse alla formazione di una Chiesa dissidente. A questa evoluzione in tono minore contribuì, tra le varie cause, soprattutto la presenza ingombrante del dominio spagnolo, durato dal 1530 al 1715, spietato nel reprimere ogni tentativo d'innovazione. Inoltre, mentre la Germania e anche l'Inghilterra erano vittime della politica fiscale della Curia, l'Italia ne era la grande beneficiaria: la burocrazia e la diplomazia papale erano italiane, italiano era nella stragrande maggioranza il collegio cardinalizio e quindi italiani, e appartenenti di solito alle grandi famiglie della penisola, erano i papi.

Non bisogna credere che solo Lutero e i protestanti si rendessero conto dei problemi della Chiesa di Roma: anche al suo interno aveva cominciato a manifestarsi già nella prima metà del secolo XVI un moto riformistico, tanto che il papa Giulio II aveva convocato a Roma nel 1512 il V Concilio lateranense *pro reformanda ecclesia*. Ma l'iniziativa non aveva avuto successo e, dopo cinque anni di lavori, la radicale revisione morale e disciplinare da tanti auspicata non era avvenuta.

Nonostante le molte pressioni, per alcuni decenni non si fece nulla in tal senso. Più successo ebbero altre iniziative, come la fondazione a Roma, nel 1517, dell'Oratorio del Divino Amore, con lo scopo di rafforzare l'ortodossia e la disciplina degli aderenti e di spingerli a opere di carità verso i bisognosi. In quegli anni sorsero altri ordini religiosi dediti alla carità, all'istruzione e alla predicazione: i Teatini nel 1524, i Barnabiti nel 1530 e nel 1532 i Somaschi, che abbiamo visto all'opera anche a Trento prima dell'arrivo dei gesuiti. Grande popolarità incontrò in particolare l'ordine dei Cappuccini, germogliato nel 1528 dal tronco dell'ordine francescano al fine di predicare il ritorno alla povertà e all'umiltà del santo fondatore.

Ma non si poteva continuare senza infine affrontare la questione della riforma cattolica. Paolo III, al secolo Alessandro Farnese, elevò alla porpora cardinalizia alcuni personaggi di grande cultura e di specchiata integrità, e affidò loro il compito di studiare il problema. Nel 1537 la commissione presentava al pontefice una serie di proposte che, senza toccare le questioni dogmatiche, riguardavano la morale e la disciplina. Alcuni cardinali della commissione erano piuttosto accomodanti nei confronti dei protestanti ed erano disposti a certe concessioni, mentre per l'ala più rigida, rappresentata da Giovan Pietro Carafa (1476-1559), l'unica soluzione al conflitto aperto da Lutero era la sottomissione anche forzosa degli eretici.

Dal canto suo, l'imperatore Carlo V avrebbe visto di buon occhio una composizione ragionevole della vertenza e fece alcuni passi in tal senso, per esempio appoggiando le posizioni di Erasmo da Rotterdam, ma la rottura tra protestanti e cattolici si rivelò ben presto insanabile. Le due parti si arroccarono su posizioni dogmatiche sempre più precise. Sul versante cattolico la battaglia contro il protestantesimo fu accompagnata da un processo di revisione interna morale e disciplinare che diede luogo alla cosiddetta Controriforma.

Il movimento della Controriforma fu accompagnato da alcuni eventi, tra i quali i più importanti furono: la fondazione della Compagnia di Gesù, avvenuta nel 1540 a opera di sant'Ignazio di Loyola, la riorganizzazione dell'Inquisizione e l'istituzione del Sant'Uffizio nel 1542 e infine la convocazione del Concilio di Trento nel 1545. Dopo un lungo cammino, torniamo dunque in questa città, la città di Martino Martini, il quale doveva nascere, è vero, solo di lì a settant'anni: ma le conseguenze che su di lui ebbero quegli eventi furono decisive. In primo luogo, com'è ovvio, fu determinante la nascita della Compagnia di Gesù.

2. I gesuiti

Elemento decisivo del moto controriformistico si rivelò la Compagnia di Gesù, della cui storia e dei cui caratteri vogliamo ora dare un cenno. Tutto ebbe origine nel Cinquecento a Parigi, e più precisamente all'università della Sorbona, che all'epoca era uno dei grandi centri culturali d'Europa e attirava studenti da ogni parte della cristianità. Vi si recò anche, per completare gli studi, uno spagnolo, o meglio un basco, non più giovanissimo, tale Iñigo López de Recalde (nato nel 1491 ad Azpeitia, non lontano da San Sebastian, nel Paese Basco), che avrebbe poi preso il nome di Ignazio di Loyola e sarebbe stato canonizzato nel 1622 da Gregorio XV.

Cadetto di una famiglia con tradizioni militari, Ignazio intraprese la carriera delle armi, ma per una grave ferita riportata nell'assedio di Pamplona del 1521 fu costretto a una lunga convalescenza durante la quale, per l'influenza di certe letture edificanti, emerse la fortissima vena mistica latente nella sua personalità. Fu così spinto a dedicarsi a una vita di povertà, di penitenza e di apostolato. Ma i dilettanti non erano graditi ai professionisti della fede: recatosi in Palestina per predicarvi il cristianesimo, Ignazio, che aveva trascorso un periodo di ritiro in un convento domenicano per prepararsi a convertire gli infedeli, fu subito allontanato dal custode francescano di Terra Santa (1523).

Ignazio si convinse che senza una cultura adeguata non sarebbe mai diventato un salvatore di anime, perciò si mise a studiare: prima a Barcellona, poi alle università di Alcalà e di Salamanca e infine, nel 1528, a Parigi, dove nel 1535 ottenne il titolo di *Magister Artium*. A quel tempo l'università parigina contava circa 4000 studenti e prevedeva un corso di studi di dieci anni: i primi tre, di filosofia, davano appunto diritto al titolo di Maestro delle Arti, i sette successivi, di teologia, scienze e legge, conferivano il titolo di Dottore. In teoria la disciplina era rigida, ma in pratica regnava una sfrenata dissolutezza. Mentre tanti studenti si davano buon tempo e approfittavano dei divertimenti offerti dalla grande città, Ignazio, animato da un fervente misticismo e da un'eccezionale capacità organizzativa, cominciò a dedicarsi all'apostolato ascetico.

Al collegio di santa Barbara, dove abitava, conobbe il giovane spagnolo Francesco Saverio, di quindici anni minore, ma già *Magister*, che gli diede lezioni di filosofia. Tra il giovane Maestro e l'anziano studente si stabilì un rapporto contrastato che pian piano si trasformò. Francesco cominciò a subire l'ascendente spirituale di Ignazio e accettò di vivere per quaranta giorni l'esperienza degli "esercizi spirituali": ne uscì trasformato e pronto a compiere la volontà di Dio. La pratica degli esercizi spirituali, anteriore a Ignazio ma da lui rielaborata, consiste in una profonda meditazione in assoluto isolamento per quattro settimane, che parte dalla "purgazione dell'anima", attraversa una lunga riflessione sul Cristo, modello del servizio divino, e approda infine a una meditazione sul mistero della passione e morte del Redentore.

A Parigi Ignazio attrae altri giovani: il savoiardo Pietro Favre, già sacerdote, gli spagnoli Alfonso Salmeron, James Lainez e Nichola Bobadilla e il portoghese Simon Rodrigues, che, affascinati dalla sua personalità dominatrice e dalla forza della sua fede, decidono di condividerne gli ideali e passano per l'esperienza degli esercizi spirituali. Il 15 agosto 1534, festa dell'Assunta, si ritrovano tutti nella chiesa situata sulla collina di Montmartre e dànno vita alla Compagnia di Gesù, *Societas Jesu*, consacrandosi a Dio col voto di castità, povertà e obbedienza, e impegnandosi a recarsi in missione a Gerusalemme o di andare senza far domande in qualsiasi luogo il papa decida di inviarli. L'evento è ricordato da una lapide in latino che si trova ancora a Montmartre. Il nuovo ordine religioso, per il momento allo stadio embrionale, avrebbe dovuto portare all'interno della Chiesa lo spirito guerresco che si era coagulato in Spagna per effetto della lunga lotta contro gli infedeli.

Sono tempi burrascosi, dominati come si è detto dalla guerra tra Francia e Spagna per il dominio dell'Europa. Ignazio e il piccolo gruppo dei suoi seguaci lasciano Parigi e si recano a Venezia, da dove sperano di partire per la Terra Santa. Poiché ciò non è possibile, vanno a Roma, dove nel 1537 si presentano al papa per mettersi al suo servizio. L'impresa non è facile: le gerarchie ecclesiastiche guardano con sospetto questo manipolo di esaltati e, memori di Martino Lutero, temono una nuova eresia. Ma il pontefice del tempo, Paolo III, che regnò dal 1534 al 1549 e che abbiamo già incontrato, li accoglie con benevolenza, concede loro il denaro per il viaggio nei Luoghi Santi e la facoltà di essere ordinati sacerdoti da un vescovo di loro gradimento.

Dopo altri inutili tentativi di recarsi a Gerusalemme, nel 1538 Ignazio tornò a Roma e chiese al papa di approvare la costituzione del nuovo ordine, la Compagnia di Gesù, cosa che avvenne il 27 settembre 1540 con la bolla Regimini militantis. Ignazio di Loyola fu nominato primo Superiore Generale della Compagnia e cominciò a mandare in tutta Europa i suoi compagni perché creassero scuole, istituti, collegi e seminari, all'insegna di un'obbedienza assoluta al papa,

sia che ci mandino tra i Turchi sia tra quelli che dimorano nelle regioni chiamate le Indie, oppure tra gli eretici e gli scismatici di ogni condizione, o altrove.

Francesco Saverio ebbe subito modo di mettere in pratica questo voto di obbedienza: il 7 aprile 1541, giorno del suo 35° compleanno, salpò da Lisbona per le Indie e dopo un anno e un mese, il 6 maggio 1542, sbarcò a Goa, una delle più belle città dell'immenso impero coloniale portoghese. Più tardi si sarebbe spinto fino alle Molucche e al Giappone, senza tuttavia poter sbarcare in Cina, com'era suo desiderio.

3. Diffusione e influenza dei gesuiti

La Compagnia di Gesù divenne ben presto un'arma potente nelle mani dei papi, che se ne servirono soprattutto per opporsi alla Riforma protestante, avviata una ventina d'anni prima da Lutero, e per diffondere la dottrina cattolica nel mondo. La base di tutto ciò si trova nelle Costituzioni di Ignazio di Loyola, adottate nel 1554: l'organizzazione della Compagnia ha un'impronta militaresca e verticistica ed è contraddistinta da un'obbedienza incondizionata al papa e ai superiori, di fronte ai quali si deve adottare la stessa disciplina che manifesterebbe un cadavere ("perinde ac cadaver"). Scrisse Ignazio: "io crederò che il bianco che io vedo sia nero se la Chiesa così dirà".

Lo spirito che animava la Compagnia era una commistione singolare di slancio mistico e di zelo concreto: l'assoluta subordinazione, di stampo soldatesco, si accompagnava al rafforzamento delle capacità e delle attitudini individuali dei singoli. In assoluto contrasto con la visione di Lutero, basata sul contatto diretto del credente con il Salvatore, Ignazio di Loyola riconosce tutta l'importanza della mediazione della Chiesa e dei sacerdoti. La redenzione si può attuare solo attraverso l'istituzione ecclesiastica, il suo capo, cioè il papa, e i sacramenti. Di qui la difesa a oltranza operata dalla Compagnia nei confronti del papato e della sua autorità.

Accanto al forte spirito autoritario e alla corrispondente obbedienza assoluta, nell'ordine gesuitico non rimane quasi traccia degli organi collegiali e dello spirito collettivo tipici degli ordini medioevali. L'obbedienza che deve al generale e per il suo tramite al papa libera il gesuita da ogni dovere nei confronti dell'autorità episcopale o del potere secolare dei principi. I gesuiti, sciolti da ogni vincolo politico, di patria o di nazionalità, svolgono un'intensissima attività come missionari, insegnanti, oratori e direttori spirituali.

Il loro attivismo si accompagna a una rara comprensione dell'animo umano, di cui ben conoscono le pieghe più riposte e le debolezze più occulte: di conseguenza, lungi dall'imporre a tutti un rigido moralismo, si dimostrano tolleranti e flessibili. Rigorosissimi nella disciplina interna all'ordine, i gesuiti sono comprensivi verso coloro che chiedono consiglio e direzione. Forniti di questa realistica duttilità e di questa penetrazione psicologica, essi si dimostrano quanto mai opportunisti e si servono di ogni mezzo per avvicinare le anime alla Chiesa e alla pratica dei sacramenti. Puntano molto sull'istruzione e sull'eloquenza, volgendo la loro attenzione verso i membri più influenti della società: i gesuiti divengono confessori di molti regnanti e le loro scuole, segnalate per la qualità dell'insegnamento, sono frequentate dai figli della nobiltà. Ma i loro oppositori prendono spunto proprio da questa loro pratica di tolleranza e di flessibilità per rivolgere loro critiche velenose. Tuttavia, sotto il profilo dottrinale, i gesuiti sono inattaccabili, mostrandosi intransigenti al massimo nella difesa della tradizione ortodossa della scolastica contro le critiche degli erasmiani e dei luterani.

Nonostante il voto di obbedienza assoluta, i primi gesuiti, con il loro fondatore in testa, non potevano non accorgersi che nella Curia romana regnavano la corruzione, il lassismo e la venalità, cioè i grandi difetti che avevano spinto Lutero a ribellarsi al papato, opponendosi alla vendita delle indulgenze promossa da Leone X per raccogliere i fondi necessari al completamento della basilica di san Pietro in Roma. Di conseguenza, i gesuiti vennero spesso ai ferri corti con la Curia, e benché fossero le "truppe scelte" del pontefice la loro posizione fu spesso di aspra critica, tanto che nel 1773 il papa Clemente XIV soppresse l'ordine dopo che i gesuiti erano stati espulsi dai maggiori stati europei. L'ordine fu poi reintegrato nel 1814 da Pio VII. Ma questa, ormai, è storia recente.

I gesuiti, inoltre, erano, e sono tuttora, in genere brillanti e molto preparati, non solo in teologia ma anche nelle discipline umanistiche e nelle scienze. Furono tra i primi a inserire nella struttura scolastica del pensiero cattolico gli insegnamenti classici dell'Umanesimo rinascimentale, latino, greco e filosofia. Non solo, ma i loro istituti offrivano corsi di retorica e non disdegnavano il volgare, sicché erano centri importanti per la preparazione degli avvocati e dei funzionari pubblici. Ottimi insegnanti, dunque, le cui scuole erano frequentate dai figli delle élite, i gesuiti ebbero una funzione importante nel recupero al cattolicesimo di alcuni paesi, tra cui la Polonia, che all'inizio se ne erano distaccati per seguire il protestantesimo.

Anche la loro influenza politica fu assai forte: spesso i sacerdoti della Compagnia di Gesù erano confessori dei re. Non ultimo fattore della loro importanza fu la tolleranza della regola, che non li obbligava, come accadeva per gli ordini più antichi, a vivere in comunità e a rispettare la liturgia delle ore: di qui la loro flessibilità nei confronti delle necessità delle popolazioni. Il loro motto non ufficiale, *Ad Maiorem Dei Gloriam*, indica la costante attenzione alle opere: ogni azione non manifestamente malvagia può essere compiuta per accrescere la gloria di Dio, se tale è l'intenzione di chi la compie.

Dotati di queste armi spirituali e dottrinali e di questa amplissima libertà d'azione, i gesuiti si misero in viaggio per evangelizzare i luoghi più esotici e lontani, offrendosi talora al martirio e comunque ai disagi di una vita malagevole e spesso rischiosa. India, Cina, Giappone, Corea, Messico, Brasile, Paraguay, Congo, Etiopia sono, oltre all'Europa, i luoghi dove essi svolsero un'opera di missionariato che ha lasciato segni importanti. Alla morte del primo generale della Compagnia, Ignazio di Loyola, avvenuta nel 1556, i gesuiti erano un migliaio, divisi in dodici province, con quasi cento case e una solida posizione, specie in Spagna, Portogallo e Italia. Il momento culminante della sua storia la *Societas Jesu* lo raggiunse forse sotto il lungo governo di Claudio Acquaviva, eletto generale a soli 37 anni, abilissimo nel fronteggiare le numerose difficoltà interne ed esterne. Nei 34 anni del suo generalato (1581-1615), i gesuiti passarono da 5.000 a 13.000, furono erette undici nuove province e confermati 200 nuovi collegi. Fu sotto di lui che il padre Matteo Ricci diede inizio all'evangelizzazione della Cina e che in Paraguay fu fondata, nel 1610, la prima *reducciòn* dei gesuiti.

Apriamo una brevissima parentesi su quei singolari ordinamenti che furono le "riduzioni". Nel 1503 il re di Spagna Fernando II d'Aragona aveva ordinato che gli indiani nomadi fossero raccolti in villaggi per "ridurli" così alla civiltà, alla stanzialità e al cristianesimo. I missionari s'impegnarono in questo compito: per primi i francescani avevano fondato riduzioni di indiani Guaranì. I gesuiti, arrivati nel 1585 nel Tucuman e nel 1587 in Paraguay, si videro affidati dal re Filippo II di Spagna alcuni territori da cristianizzare. Tra il 1610 e il 1628, nonostante l'acerrima opposizione dei banditi brasiliani (*bandeirantes*) protetti dalle autorità portoghesi, i gesuiti riuscirono a fondare in Paraguay parecchie riduzioni che prosperarono fino a contare, al loro apogeo, nel 1731, oltre centoquarantamila indiani. Dopo una serie di scontri politici e armati, la Compagnia di Gesù fu espulsa dai territori portoghesi nel 1759 e dalla zona d'influenza spagnola nel 1767. Le ultime riduzioni guaranì sopravvissero di poco. La grande forza delle riduzioni gesuitiche stava nel loro isolamento e nella loro organizzazione di tipo socialista, sotto la suprema direzione dei missionari. La terra era bene comune di tutti, e la proprietà privata era ridotta al minimo, mentre uguali per tutti erano il vitto, l'alloggio e il vestiario.

A causa della loro potenza e influenza, era inevitabile che i gesuiti si facessero dei nemici. Spesso furono accusati di essere coinvolti in varie cospirazioni e furono molto criticati per certe loro dottrine, come la morale casuistica, il lassismo e il probabilismo, in base al quale molti confessori davano un peso cospicuo al beneficio del dubbio e alle giustificazioni nei casi di coscienza, finendo con l'approvare le condotte più rilassate e meno evangeliche. In seguito a ciò parecchie proposizioni sostenute dai gesuiti furono condannate dal papa Alessandro VII nel 1665 e nel 1666 e dal papa Innocenzo XI nel 1679. Tale fu la diffidenza e l'ostilità che circondavano l'ordine, che nel vocabolario italiano il termine "gesuita" ha assunto il significato secondario di persona intrigante e ambigua ed è usato in senso dispregiativo per indicare chi sia abile nel simulare e nel dissimulare, mentre "gesuitico" indica un atteggiamento disonesto, avveduto e cospiratore.

4. L'Inquisizione

Nell'epoca della Controriforma lo spirito militaresco e lo slancio in difesa della fede che animavano la Chiesa di Roma si concretarono nell'operato della Compagnia di Gesù, mentre la repressione dell'eresia religiosa assunse forme intransigenti e cruente attraverso l'Inquisizione. Nel 1536 il cardinale Giovan Pietro Carafa, esponente dell'ala più intollerante e conservatrice della Curia romana, si recò in Spagna come nunzio papale ed ebbe modo di vedere l'Inquisizione spagnola all'opera contro gli erasmiani. Tornato a Roma, a partire dal 1542 si dedicò alla riorganizzazione dell'Inquisizione romana, creando un comitato speciale di nove cardinali, la Congregazione del Sant'Uffizio, con poteri amplissimi per l'estirpazione degli eretici. Alle dirette dipendenze del papa, in pratica il Sant'Uffizio non doveva sottostare a nessun controllo e i duri effetti del suo operato si fecero subito sentire: gli scarsi simpatizzanti della Riforma furono dispersi e costretti a rifugiarsi oltralpe. Fu un altro colpo per le aspirazioni erasmiane a una composizione pacifica del conflitto.

La repressione si fece ancora più aspra quando lo stesso cardinale Carafa divenne papa col nome di Paolo IV (1554-1559). Tutta l'Europa fu illuminata dalle fiamme dei roghi: in Francia Enrico II moltiplicò le esecuzioni capitali, mentre in Spagna il re Filippo II fece ardere i pochi aderenti alla Riforma. Anche in Inghilterra la regina Maria, detta la Cattolica, succeduta nel 1553 al fratello Edoardo VI e sposa di Filippo II, avviò le persecuzioni per imporre il ritorno all'obbedienza verso il papato. Ma in Inghilterra la repressione ebbe breve durata: infatti dopo la morte di Maria l'anglicanesimo fu restaurato dalla regina Elisabetta e adottato come religione ufficiale dello stato.

Un ulteriore strumento contro l'eresia fu l'istituzione formale di un *Indice dei libri proibiti*, cioè di un elenco delle opere che non potevano essere stampate o diffuse. Tutto ciò contribuì non poco a spegnere progressivamente la vivacità di pensiero e il fermento culturale che avevano contraddistinto l'Umanesimo e il Rinascimento. Nel secolo precedente erano avvenute grandi scoperte geografiche che, anche metaforicamente, avevano ampliato gli orizzonti del mondo conosciuto. I commerci si erano intensificati ed estesi ai Paesi d'oltremare, dai quali provenivano quantità immense di oro e di altri minerali pregiati. La filosofia e la scienza degli antichi erano state recuperate e avevano contribuito all'ampliamento delle conoscenze e alla rinascita degli studi. Questo fervore, soprattutto nei paesi cattolici, la Spagna e l'Italia, rischiava ora di smorzarsi per effetto delle autorità religiose che imponevano un ritorno alla più stretta ortodossia.

L'opera di controllo e di repressione nei confronti della Riforma protestante culminò con la convocazione nel 1545 del Concilio di Trento, che ribadendo l'autorità indiscussa del papa pose fine a ogni tentativo di temperarla con quella dei vescovi e del concilio stesso.

5. Il Concilio di Trento

Svoltosi con varie interruzioni dal 1545 al 1563, è considerato dalla Chiesa cattolica come il XIX Concilio ecumenico, per quanto il suo ecumenismo sia stato contestato per la lunga assenza dei vescovi tedeschi. Benché sollecitato a lungo da varie parti, il Concilio fu soggetto a rinvii e a opposizioni, finché nel 1542 se ne stabilì la sede a Trento, che pur essendo una città italiana si trovava entro i confini dell'Impero ed era governata dal principe vescovo Cristoforo Madruzzo. Così nel novembre 1544 il papa Paolo III (1534-1549) poté emanarne la bolla di convocazione e il Concilio si aprì solennemente il 13 dicembre 1545 nella cattedrale di san Vigilio.

All'inizio pochi furono i prelati presenti, quasi tutti italiani, che operavano sotto il rigido controllo dei delegati della Curia. Quindi non fu possibile risolvere il problema dell'accordo con la Chiesa riformata, mentre furono adottate diverse deliberazioni interne alla Chiesa cattolica, come l'uso della versione cosiddetta *Vulgata* della Bibbia, l'uso del latino nella messa e l'obbligo di residenza dei vescovi nelle loro diocesi, fin lì ampiamente disatteso. Al termine del Concilio, altre questioni non risolte furono delegate al papa e alla Curia romana, che procedettero a quella che si può considerare la riforma interna della Chiesa: la revisione del breviario e del messale, l'adozione del rito romano e la conseguente uniformità liturgica, con la scomparsa di tutti gli altri riti occidentali a eccezione del rito ambrosiano per la diocesi di Milano. Infine furono pubblicati il Catechismo tridentino e l'Indice dei libri proibiti.

Già tra i contemporanei molti furono i giudizi critici nei confronti del Concilio e non solo in ambito protestante. Per esempio nella sua *Istoria del Concilio Tridentino*, il teologo Paolo Sarpi (1552-1623), dell'Ordine dei Servi di Maria, influente consigliere della Repubblica di Venezia, dichiarò che l'assise aveva avuto effetti opposti a quelli auspicati, in quanto aveva fallito nel tentativo di ricomposizione dello scisma protestante e aveva favorito il rafforzamento della Curia romana e del papato a discapito dell'autorità dei vescovi.

La discussione si protrasse per secoli, finché nell'Ottocento furono definite due tesi contrapposte che dominarono a lungo la scena storiografica. Secondo la prima il Concilio aveva rappresentato una restaurazione, o controriforma, rispetto alla riforma protestante; la seconda tesi sosteneva che il protestantesimo era stata una rivoluzione e che la vera riforma era stata rappresentata dal Concilio. In Italia, tra Otto e Novecento prevalse un atteggiamento assai critico nei confronti delle conseguenze religiose, sociali e politiche del Concilio. Tra gli altri, Croce, Gentile e De Sanctis valutarono la stagione post conciliare come un'epoca di chiusura e di decadenza culturale e spirituale in netta opposizione rispetto all'apertura e alla fioritura della fase rinascimentale.

6. Le condizioni politiche ed economiche d'Europa

Mentre in Italia si svolgevano i lavori del Concilio, l'Europa era come al solito straziata da guerre e contrasti per la supremazia continentale. Nel 1556 l'imperatore Carlo V, ancora relativamente giovane, aveva abdicato e si era ritirato in un convento spagnolo: logorato dalle guerre, dalla tensione nervosa, dalle malattie e dal peso di un compito sovrumano protrattosi per più di trent'anni, aveva deciso di dividere gli immensi domini spagnoli tra il figlio Filippo II e il fratello Ferdinando I. A Filippo II toccarono, con il titolo di re di Spagna, le terre di Castiglia e d'Aragona, i domini italiani di Milano, Napoli, Sicilia e Sardegna e le immense colonie d'America. A Ferdinando I andarono i territori ereditari degli Asburgo in Austria, con le corone di Boemia e d'Ungheria e il titolo di imperatore del Sacro Romano Impero. Appena salito al trono, Filippo II dovette affrontare una nuova guerra con la Francia che, nonostante l'appoggio del papa Paolo IV Carafa, fu sconfitta in battaglia.

Lo sfinimento delle due grandi nazioni, Francia e Spagna, l'insostenibile peso finanziario della guerra, le apprensioni per la stabilità interna, minacciata dalla Riforma protestante che, specie in Francia, aveva trovato numerosi aderenti, consigliarono la pace. Si arrivò così nel 1559 al trattato di Cateau Cambrésis, che metteva fine alle ostilità, ma ribadiva il predominio spagnolo in Italia. Uno dei fattori decisivi di questa pace fu, come si è detto, la penuria di denaro, a causa della quale il re di Francia e il re di Spagna erano costretti a ricorrere sempre più spesso ai prestiti, indebitandosi con le banche e impegnando in anticipo annate intere di introiti fiscali. Già Carlo V aveva firmato prima dell'abdicazione titoli di credito sulle rendite delle ricche colonie americane per molti anni a venire. Ma il re francese Francesco I non era stato da meno: dietro le sanguinose battaglie in campo aperto e dietro il chiuso impegno delle cancellerie agiva nell'ombra l'infaticabile macchinazione del grande capitale privato, che iniziò in questi decenni la sua inarrestabile ascesa. I grandi banchieri italiani e tedeschi di Lione finanziavano il re di Francia, mentre i banchieri di Augusta, di Genova e di Anversa sostenevano Carlo V con somme via via crescenti. Cercando di sfruttare ogni possibile fonte di credito, i sovrani s'indebitavano sempre più e verso la metà del Cinquecento il debito pubblico così accumulato giunse a livelli paurosi, tanto da costringere la Spagna, ormai incapace di far fronte ai propri obblighi, a dichiarare la bancarotta.

Nel baratro vengono coinvolte le banche creditrici, con effetti disastrosi. A peggiorare la situazione giunge l'ondata inflazionistica provocata dalle enormi quantità d'argento scoperte in Perù. Un flusso senza precedenti di metalli preziosi inonda l'Europa: da una parte ciò fa lievitare i prezzi e mette in crisi l'industria spagnola, già indebolita per la cacciata dei mori e degli ebrei e incapace di resistere alla concorrenza degli altri paesi, dall'altra favorisce la rapida creazione di immensi patrimoni che costituiranno la base dell'economia capitalistica tipica dell'età moderna.

Le vicende del XVI secolo, in particolare quelle militari, ruotano intorno al re di Spagna Filippo II. Per più versi il suo carattere ricorda quello del padre Carlo V: l'insonne attività, che gli consente di seguire nei più minuti particolari tutte le faccende dei suoi immensi domini, la vera e propria passione per la burocrazia e per la pedante cura dei particolari, la tetraggine malinconica che dalla nonna Giovanna la Pazza si è trasmessa alla discendenza degli Asburgo. Ma per altri versi il re è profondamente diverso dall'imperatore suo padre. In primo luogo, a differenza di Carlo V, rimasto molto attaccato alle Fiandre, Filippo II si sente spagnolo: e lo dimostrano la sostenuta altezzosità con la quale tiene a distanza i suoi sudditi, standosene chiuso nell'immenso Escorial, metà reggia metà convento, la sanguinaria crudeltà del suo sistema di governo, che lo induce a organizzare spettacolari esecuzioni capitali e *autos da fé* pubblici per sgominare gli eretici, e l'intollerante fanatismo che l'avrebbe condotto a logorare sé stesso e il suo regno in una lotta senza fine contro l'eresia. Sospettoso, ostinato, lento nelle decisioni, diffidente fino alla paranoia, Filippo II raccolse nelle sue mani tutto il potere, trasformando il suo regno in un dominio assolutistico e centralizzato, al servizio delle invincibili armate spagnole e della religione cattolica, di cui si sentiva indefettibile difensore. La triste eredità di Giovanna aveva poi trovato l'estrema propaggine nel figlio di Filippo II, l'infelice don Carlos, gobbo e pazzoide, segregato in un carcere fino alla sua uccisione per il sospetto di tramare contro il monarca suo padre.

Questa degenerazione assolutistica dello stato contribuì ad accelerare la rovina della nazione più potente d'Europa, che già soffriva per la crisi economica e finanziaria. L'oro e l'argento trasportati in quantità crescenti dalle colonie americane venivano divorati dalle campagne militari, le imposte sempre più gravose dissanguavano la popolazione senza che i cittadini e le industrie ormai in sofferenza ne traessero beneficio, perché tutto veniva ingoiato da un clero sempre più ricco e numeroso, da una burocrazia corrotta e rapace, da una casta militare sempre più tracotante. Le vessazioni fiscali spingevano quanti potevano ad abbandonare ogni attività produttiva e ad arruolarsi nell'esercito, a prendere i voti o a entrare nella burocrazia statale.

In Italia, dopo la tumultuosa vivacità della prima parte del secolo XVI, la vita politica ristagnò per un periodo lunghissimo, che va dalla pace di Cateau Cambrésis del 1559 fino al 1715. Durante la prima fase di questo periodo, dal 1559 al 1598, la Francia, paralizzata dalle guerre di religione, dovette assistere all'espansione incontrastata del dominio spagnolo. Seguì, dal 1598 al 1648, un periodo in cui la Francia tornò sulla scena politica europea e in cui divampò la funesta Guerra dei Trent'Anni (1618-1648), che doveva lasciare stremato, spopolato e ridotto alla miseria tutto il continente. Stragi e saccheggi operati dalle soldatesche al servizio di sovrani e di capitani mercenari rinnovarono le tragiche violenze delle invasioni barbariche, tanto più che l'aleatorietà delle paghe spingeva le truppe a sostentarsi razziando i paesi attraversati. Alessandro Manzoni ha descritto nei *Promessi Sposi* gli orrori legati al passaggio dei Lanzichenecchi in Lombardia, paese amico, si badi bene, e suddito degli Asburgo ai cui ordini combattevano quelle truppe. Ai danni diretti causati dalle soldataglie in vastissime plaghe dell'Europa centrale bisogna aggiungere le conseguenze indirette: l'aumento insostenibile dei carichi fiscali, l'impoverimento, l'abbandono dei campi, le carestie e le epidemie.

La popolazione della Germania, abbrutita e degradata, si riduce a un quinto e in certe regioni addirittura a un decimo rispetto all'anteguerra, ma anche in Francia, Spagna, Italia e Scandinavia la situazione è tragica: l'Italia ha perso un quinto della popolazione e i superstiti sono in preda alla fame e alla disperazione. Nel 1630 la peste si propaga nelle regioni subalpine, toccando Milano, Bergamo, in genere tutta la Lombardia e, come abbiamo ricordato, anche Trento, dove circa un quinto della popolazione soccombe al flagello.

7. La scienza europea del Cinque-Seicento

Alla luce di tutto ciò, lo sviluppo culturale e scientifico che si osserva in Europa nel Seicento ha quasi del miracoloso. Nonostante le sanguinose guerre di religione e la lotta interminabile per il dominio del continente, in particolare i devastanti sconvolgimenti della Guerra dei Trent'Anni, la struttura economica e la compagine politica subiscono una profonda evoluzione. Allo stesso tempo gli assetti culturali e sociali si trasformano e modificano la mentalità e la vita quotidiana degli europei. Lo spostamento del baricentro economico verso l'Olanda e l'Inghilterra, causato dalla rovina finanziaria della Spagna e dalla devastazione della Germania e dal conseguente declino delle industrie e delle banche italiane, si accompagna a un passaggio dalla lavorazione agricola e artigianale alla produzione industriale, caratterizzata in senso sempre più capitalistico. In luogo delle piccole aziende familiari sorgono sempre più numerose le grandi fabbriche con centinaia di operai salariati e si inaugurano produzioni affatto nuove. Allo stesso tempo aumentano i volumi del traffico commerciale, che si estendono sempre più sotto il profilo geografico e coinvolgono anche merci e derrate del tutto nuove, come il caffè, il tè, il cacao, il tabacco, la patata, il granturco.

Tutto ciò postula l'evoluzione di nuovi strumenti finanziari e creditizi, mentre l'esigenza di trasmettere con rapidità le notizie e le disposizioni fornisce grande impulso al servizio postale, già comparso nel Cinquecento. I viaggiatori, che fin lì si spostavano a piedi o a cavallo, cominciano a usare le diligenze e a sfruttare le vie d'acqua marittime e interne. Fanno la loro comparsa i primi fogli volanti di notizie, la cui pubblicazione diviene ben presto regolare: nascono così le gazzette e i giornali economici. Tra una regione e l'altra d'Europa si creano e si approfondiscono cospicue differenze: si passa dai paesi più evoluti sulla strada del capitalismo industriale, come l'Olanda o l'Inghilterra, a paesi che rimangono agricolo-feudali, immobili nella loro stagnazione, come la

Spagna e gran parte dell'Italia. In queste regioni la povertà è diffusissima, l'Italia e la Spagna in particolare pullulano di miserabili accattoni che si raccolgono intorno ai conventi e alle case patrizie per ottenere un po' di carità. In Francia, e soprattutto in Olanda e in Inghilterra, comincia invece a formarsi un ceto borghese che, all'insegna di virtù civili quali la laboriosità e il risparmio e sotto la spinta dell'etica protestante, si dedica allo sviluppo infaticabile della propria attività economica, aborrendo lo spreco, le ostentazioni mondane e la disonestà.

È tuttavia nel campo culturale e soprattutto scientifico che il Seicento apporta un contributo immenso. Alleandosi con la razionalità caratteristica del mondo greco, riscoperta già all'epoca del Rinascimento e dell'Umanesimo, il metodo sperimentale giunge ad affermarsi come paradigma fondamentale della ricerca scientifica, la quale, nonostante l'accanita opposizione del dogmatismo sostenuto dall'Inquisizione, si affranca via via dall'apriorismo filosofico aristotelico. Il merito va soprattutto a tre grandi pensatori, filosofi e scienziati: l'inglese Francesco Bacone (1560-1626), l'italiano Galileo Galilei (1564-1642) e il francese Renato Cartesio (1596-1650). Nonostante le condanne del Sant'Uffizio, l'opposizione della Chiesa e l'ostilità del vecchio mondo accademico, le nuove idee si diffondono. Dovunque sorgono centri di studio e di ricerca nel campo delle scienze della natura, dalla fisica all'astronomia alla biologia. A Roma, nel 1609, Federico Cesi fonda la più antica e illustre delle Accademie italiane, l'Accademia dei Lincei. Nel 1657 a Firenze viene fondata l'Accademia del Cimento, a Londra Carlo II approva nel 1662 l'apertura della Royal Society e a Parigi sorge nel 1666 l'Accademia delle Scienze. In un panorama sociale e culturale variegato e complesso, pieno di ambiguità e di contraddizioni, gli elementi del nuovo disputano lo spazio vitale ai tenaci residui del vecchio. In ogni campo dello scibile le conoscenze si approfondiscono, la vecchia filosofia naturale cede il passo alla fisica e alla medicina. La matematica, infine, diviene, soprattutto per opera di Galileo e dei suoi discepoli, lo strumento principe per indagare e rappresentare i fenomeni naturali.

Si apriva così, in un secolo, il Seicento, pieno di contraddizioni e di novità, la straordinaria avventura della scienza occidentale, che tanto avrebbe contribuito alla conoscenza delle leggi naturali e allo sviluppo tecnico, economico e sociale della nostra civiltà.

8. La scienza in Europa e in Cina

Parlando dei metodi pastorali dei gesuiti, abbiamo sottolineato come la loro prassi cauta e graduale fosse senz'altro più ragionevole e anche più fruttuosa in termini di conversioni di quella rigida e precipitosa degli ordini mendicanti. Infatti si può comprendere come nell'introdurre le verità di fede in una cultura del tutto diversa sia necessario procedere con prudenza e rispetto. Per valutare la profonda diversità tra la cultura europea e quella cinese si può considerare il diverso statuto della scienza, e più in generale della visione della natura, nelle due civiltà. In Cina non si è mai presentato un momento fondatore della scienza com'è accaduto da noi in Grecia intorno al VI secolo a.C.: per effetto dell'impronta iniziale ricevuta dalla speculazione filosofica greca e per effetto della tradizione giudaico-cristiana, il nostro atteggiamento è curioso e interventista nelle cose della terra e del cielo, mentre in Cina il saggio tende piuttosto alla contemplazione. In Occidente domina il principio di causa-effetto, mentre la Cina è il regno delle opposte polarità: terra-cielo, maschio-femmina, Yin-Yang, presenti in ogni cosa in diversa misura e con una continua trasmutazione dall'uno all'altro polo. Lo scienziato occidentale adotta il postulato metafisico che le leggi di natura siano date una volta per tutte e siano razionali, quindi conoscibili attraverso l'esercizio della ragione logica e speculativa, mentre in Cina la natura è un processo continuo, interminabile, di trasformazione di una cosa nell'altra che si svolge *sponte sua* attraverso cicli con i quali non bisogna interferire per non guastarne l'ordine e la regola e che non sono necessariamente afferrabili dalla mente umana. In Occidente, note le leggi di natura, sulla loro base si può passare all'azione, che è sempre locale, momentanea e limitata; inoltre è compiuta da un soggetto. In Cina la trasformazione si svolge all'interno del sistema complessivo, invisibile e silenziosa, è di durata illimitata, e non riguarda un soggetto particolare.

Un apologo cinese può spiegare la differenza tra i due atteggiamenti: l'occidentale è come un contadino che per incrementare il raccolto va nel campo e tira con le mani i germogli, forzandoli a uscire dalla terra; ma ben presto si accorge di aver causato un danno: i germogli si seccano e muoiono. Invece come il medico cinese agevola il recupero della salute creando un contesto a essa favorevole e aspettando con pazienza i risultati, così il saggio cinese è come un contadino il quale aspetta che i germogli crescano e diano frutto a suo tempo, cosa che avverrà grazie alla trasformazione dinamica sempre in atto della natura, con la quale non bisogna interferire.

Noi occidentali vediamo la natura fenomenica come un seguito di eventi retti dal principio di causa-effetto; per il cinese un evento è la manifestazione visibile, l'affioramento sensibile, di una trasformazione perpetua, invisibile e silenziosa che l'ha preceduto e che continuerà a svolgersi anche dopo la manifestazione dell'evento. Noi cerchiamo di individuare la causa dell'evento, per il cinese l'evento è cominciato chissà quando e chissà dove, nel seno gigantesco della natura, e solo in ritardo ci accorgiamo della sua presenza. Inoltre, per noi, una volta accaduto, l'evento ha termine, per il cinese l'evento si prolunga in un seguito indeterminato di altre trasformazioni che affonda di nuovo nell'oceano senza fine del divenire. Noi cerchiamo sempre di individuare confini netti e precisi, mentre i cinesi vedono una totalità piuttosto indifferenziata.

La razionalità, in Occidente marchio caratteristico della natura, per noi comporta la sua comprensibilità e la sua descrivibilità tramite il linguaggio razionale per eccellenza, la matematica. La scienza occidentale opera un'astrazione e si sforza di trovare le leggi semplici, costanti e universali della natura sotto la tumultuosa varietà dei fenomeni. Il successo di questa impostazione è sotto gli occhi di tutti, non solo nell'ambito teorico, ma anche nel dominio delle applicazioni.

Insomma, nel Seicento, la differenza culturale tra Oriente e Occidente era netta e radicale e la si può intuire estrapolando ad altri settori le differenze cui ho accennato sopra con riferimento alla scienza e in genere alla visione della natura. Questa differenza radicale tra i contesti culturali rende, e ancor più rendeva allora, difficile tradurre o proiettare le nostre idee, convinzioni, teorie e quant'altro in quel contesto tanto diverso. In primo luogo non esistevano le parole per esprimere certi concetti che in Occidente si erano sedimentati nel corso dei secoli. Per esempio tradurre "Dio" in cinese era difficile, e, come abbiamo già accennato, la proposta di Ricci di usare "Tien" non era del tutto adeguata, poiché Tien indica anche il cielo naturale e non solo il cielo trascendente. E questo è solamente uno dei tanti esempi possibili delle difficoltà di mappare la cultura europea su quella cinese. La nostra impronta culturale deriva dalla scelta iniziale compiuta, non è dato sapere in base a quale casualità o necessità, dalla civiltà greca in favore della razionalità e del *logos*: attribuendo la razionalità alla natura se ne garantiva l'accessibilità alla comprensione dell'uomo. La mente umana poteva penetrare le leggi di natura perché queste erano state concepite da una razionalità affine se non identica alla nostra. Il cristianesimo ereditò e confermò il concetto di un Dio che aveva creato un mondo retto da leggi razionali e quindi autorizzò esplicitamente l'impresa scientifica, che in altre civiltà non era neppure presa in considerazione o era addirittura proibita.

In questo senso è tipica la convinzione *metafisica* espressa da Galileo, secondo cui il "libro della natura" è scritto in caratteri matematici, come cerchi e triangoli. È un'affermazione metafisica perché non è basata su osservazioni o dati di fatto, ma viene assunta a principio e su di essa si basa la (possibilità della) descrizione matematica del mondo fisico. Ma già la metafora della natura come libro è impegnativa al massimo, perché presuppone la possibilità che l'uomo sia in grado di leggere la natura come si legge un libro. Gli enti matematici citati da Galileo, i cerchi e i triangoli, sono molto elementari, e oggi sappiamo che, ammesso che la natura sia un libro scritto in caratteri matematici, questi caratteri sono molto più raffinati e complessi, ma il presupposto di base non cambia: la natura è un testo scritto in caratteri decifrabili (matematici) che noi possiamo capire grazie alle nostre capacità logiche e razionali. Si ipotizza dunque la razionalità nella natura come nell'uomo e, nel cristianesimo, questa doppia razionalità è conseguenza della volontà divina che l'uomo possa comprendere il creato e scoprirne le leggi.

Già in antico la scelta iniziale della civiltà greca a favore della razionalità diede frutti importanti, per esempio nelle riflessioni dei filosofi presocratici, che si diedero alla ricerca del principio unico o *arché*, il quale, soggiacendo alla molteplicità delle apparenze fenomeniche, unificava il mondo. Quando nel VI secolo Talete, considerato il primo filosofo, dichiara che l'acqua è il principio di tutte le cose, dobbiamo vedere in questa asserzione così categorica non l'ingenuità di chi non conosceva la chimica e la fisica, bensì l'anelito all'unificazione che anima anche la fisica odierna nella sua ricerca delle teorie del tutto.

Unificazione delle "cose" come in Talete o unificazione delle "forze" come nella fisica contemporanea, non fa molta differenza: ovviamente sono passati molti secoli e le nostre conoscenze sul mondo fisico si sono moltiplicate a dismisura, ma l'aspirazione è sempre quella di superare l'illusione della molteplicità caotica che ci forniscono i sensi per accedere alla visione vera, quella semplice e rigorosa offerta dalla mente e predicata da Democrito, Epicuro, Lucrezio e tanti altri. L'accesso alla verità ci è fornito solo dalla razionalità. Non c'è bisogno di sottolineare quanto abbia influito questa impostazione sulla nostra civiltà e quanto debba a essa la fondazione della scienza moderna. Ma questa visione ha anche provocato il disincanto del mondo, portando a una visione in cui l'uomo è solo, in balia di forze che lo trascendono e che di lui non si curano. In questo modo la razionalità tende a estirpare dal mondo il *senso*, il *quid* che ciascuno di noi più o meno consapevolmente ricerca per giustificare sé stesso e le proprie azioni. Oggi tuttavia alcuni, per ora pochi, cominciano a lavorare nella direzione di un reincanto del mondo, ispirati da una visione in cui uomo e natura si riconoscano parte di uno stesso sistema organico e armonioso, improntato all'etica, all'estetica e all'emozione.

Accade insomma che la nostra scienza razionale, tendenzialmente oggettiva e riduzionistica, comincia a manifestare i suoi limiti, soprattutto per gli sviluppi interni alla scienza stessa. La teoria della relatività, la meccanica quantistica, la teoria dell'informazione, la teoria dell'evoluzione e la teoria della complessità hanno cambiato radicalmente la nostra visione delle leggi della fisica e di conseguenza la nostra visione del mondo. Il quadro che ne emerge somiglia molto più alla visione dinamica tipica del divenire orientale di quanto non le somigliasse il paradigma scientifico precedente. Ma il cambiamento in atto non è catalizzato solo dai progressi interni della scienza: esso è postulato anche dalla crisi ambientale, dall'aggressione nei confronti della natura, dai rovesci di un capitalismo devastante e dalle dosi crescenti di angoscia e di sofferenza che ciascuno di noi deve subire nella vita d'ogni giorno. Ma se la nostra visione del mondo si avvicina, almeno negli auspici di un gruppo di pensatori ancora minoritario, a quella cinese classica, per converso la visione del mondo della Cina attuale tende a somigliare sempre più a quella occidentale classica, e conduce allo sfruttamento delle risorse materiali, all'incremento senza limiti del profitto e al surriscaldamento comunicazionale e commerciale.

Ma nel Seicento questa duplice convergenza era di là da venire.

Appendice B
Cronologia essenziale
di Martino Martini S.J.

1614	Nasce il 20 settembre a Trento da famiglia benestante
1625	Segue i corsi dei gesuiti a Trento
1632	Si trasferisce a Roma ed entra nella Compagnia di Gesù
1632-37	Frequenta i corsi del Collegio Romano
1638	È ordinato sacerdote
1639	Parte da Lisbona per l'Oriente, ma la nave è costretta a tornare indietro per le avverse condizioni del tempo
1640	Riparte da Lisbona
1642	Arriva a Macao
1643	Entra in Cina e si reca a Hangzhou
1646	È nominato Mandarino di prima classe dall'imperatore Ming
1648	Dopo la caduta dei Ming è trattato con tutti gli onori dal nuovo imperatore Qing e torna a Hangzhou
1651	Parte per l'Europa
1653	Sbarca a Bergen
1653-1657	In Europa provvede alla pubblicazione delle sue opere e alla raccolta di fondi per le missioni. A Roma davanti ai padri qualificatori della Sacra Congregazione di Propaganda Fide difende le posizioni dei gesuiti nella questione dei riti cinesi.
1657	Riparte da Lisbona
1659	Rientra a Hangzhou
1661	Muore il 6 giugno a Hangzhou

Appendice C
Opera Omnia
di Martino Martini

Il "Centro Studi Martino Martini per le relazioni culturali Europa-Cina" di Trento sta pubblicando l'*Opera Omnia* di Martino Martini in sei volumi per conto dell'Università degli Studi di Trento:

Vol. I   Lettere e documenti
Vol. II   Opere minori
Vol. III   *Novus Atlas Sinensis* con la riproduzione *in folio* delle Tavole
Vol. IV   *Sinicae Historiae Decas Prima*
Vol. V   *De Bello Tartarico Historia*
Vol. VI   Documentazioni aggiuntive e indici

Finora (febbraio 2010) sono stati pubblicati i volumi I-III e il IV è in uscita.

i blu

Di prossima pubblicazione

La fine dei cieli di cristrallo
L'astronomia al bivio del '600
R. Buonanno

Per una storia della geofisica italiana
La nascita dell'Istituto Nazionale di Geofisica (1936)
e la figura di Antonino Lo Surdo, fondatore e primo direttore
F. Foresta Martin, G. Calcara

La materia dei sogni
Sbirciatina su un mondo di cose soffici (lettore compreso)
R. Piazza

La strana storia della Luce e del Colore
R. Guzzi

Finito di stampare nel mese di gennaio 2010